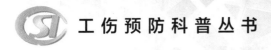

工伤预防科普丛书

矿山工伤预防知识

"工伤预防科普丛书"编委会 编

中国劳动社会保障出版社

图书在版编目（CIP）数据

矿山工伤预防知识／"工伤预防科普丛书"编委会编 . –– 北京：中国劳动社会保障出版社，2021
（工伤预防科普丛书）
ISBN 978–7–5167–4965–4

Ⅰ . ①矿… Ⅱ . ①工… Ⅲ . ①矿山 - 工伤事故 - 事故预防 - 基本知识 Ⅳ . ① TD77

中国版本图书馆 CIP 数据核字（2021）第 126111 号

中国劳动社会保障出版社出版发行
（北京市惠新东街 1 号 邮政编码：100029）

*

三河市华骏印务包装有限公司印刷装订 新华书店经销

880 毫米 × 1230 毫米 32 开本 5.875 印张 120 千字
2021 年 8 月第 1 版 2021 年 8 月第 1 次印刷
定价：25.00 元

读者服务部电话：（010）64929211/84209101/64921644
营销中心电话：（010）64962347
出版社网址：http://www.class.com.cn

"工伤预防科普丛书"编委会

主　　任：佟瑞鹏

委　　员：安　宇　　张鸿莹　　尘兴邦　　孙宁昊

　　　　　姚健庭　　宫世吉　　刘兰亭　　张　冉

　　　　　王思夏　　雷达晨　　王小龙　　杨校毅

　　　　　杨雪松　　范冰倩　　张　燕　　周晓凤

　　　　　孙　浩　　张渤苓　　王露露　　高　宁

　　　　　李宝昌　　王一然　　曹兰欣　　赵　旭

　　　　　李子琪　　王　祎　　郭子萌　　张姜博南

　　　　　王登辉　　姚泽旭

本书主编：姚健庭　　范冰倩

内容简介

　　新时代的矿山生产建设中，工伤预防已经成为关键工作。矿山属于高危行业，在生产劳动过程中，职工难免会接触各类危险有害因素，对人体造成伤害或引发职业病而导致工伤。工伤预防是工伤保险制度的重要组成部分，职工有预防工伤事故伤害和职业病的基本法律权利，也需要依法履行工伤事故预防和职业病防治的基本义务。

　　本书紧扣安全生产、工伤保险、矿山安全等法律法规，详细介绍了矿山职工在生产劳动过程中应该了解的工伤保险与工伤预防基础知识。本书内容主要包括：矿山工伤保险与工伤预防基础知识、权利和义务、矿山常见工伤事故及其预防、矿山职工安全行为规范、矿山常见机械设备安全使用、矿山安全标志及劳动防护用品使用、矿山常见作业人员安全生产职责、矿山常见意外伤害及应急处置和矿山工伤现场急救等内容。

　　本书所选题目典型性、通用性强，文字编写浅显易懂，版式设计新颖活泼，漫画配图直观生动，可作为工伤预防管理部门和用人单位开展工伤预防宣传教育工作材料使用，同时作为广大职工群众增强工伤预防意识、提升安全生产素质的普及性学习读物。

前　言

　　工伤预防是工伤保险制度体系的重要组成部分。做好工伤预防工作，开展工伤预防宣传和培训，有利于增强用人单位和职工的守法维权意识，从源头减少工伤事故和职业病的发生，保障职工生命安全和身体健康，减少经济损失，促进社会和谐稳定发展。

　　党和政府历来高度重视工伤预防工作。2009 年以来，全国共开展了三次工伤预防试点工作，为推动工伤预防工作奠定了坚实基础。2017 年，人力资源社会保障部等四部门印发《工伤预防费使用管理暂行办法》，对工伤预防费的使用和管理作出了具体的规定，使工伤预防工作进入了全面推进时期。2020 年，人力资源社会保障部等八部门联合印发《工伤预防五年行动计划（2021—2025 年）》（以下简称《五年行动计划》）。《五年行动计划》要求以习近平新时代中国特色社会主义思想为指导，全面贯彻党的十九大和十九届二中、三中、四中、五中全会精神，坚持以人民为中心的发展思想，完善"预防、康复、补偿"三位一体制度体系，把工伤预防作为工伤保险优先事项，通过推进工伤预防工作，提高工伤预防意识，改善工作场所的劳动条件，防范重特大事故的发生，切实降低工伤发生率，促进经济社会持续健康发展。《五年行动计划》同时明确了九项工作任务，其中包括全面加强工伤预防宣传和深入推进工伤预防培训等内容。

结合目前工伤保险发展现状，立足全面加强工伤预防宣传和深入推进工伤预防培训，我们组织编写了"工伤预防科普丛书"。本套丛书目前包括《〈工伤保险条例〉理解与适用》《〈工伤预防五年行动计划（2021—2025 年）〉解读》《农民工工伤预防知识》《工伤预防基础知识》《工伤预防职业病防治知识》《工伤预防个体防护知识》《工伤预防应急救护知识》《建筑施工工伤预防知识》《矿山工伤预防知识》《化工危险化学品工伤预防知识》《机械加工工伤预防知识》《尘毒高危企业工伤预防知识》《交通与运输工伤预防知识》《冶金工伤预防知识》《火灾爆炸工伤事故预防知识》《有限空间作业工伤预防知识》《物流快递人员工伤预防知识》《网约工工伤预防知识》《公务员和事业单位工伤预防知识》《工伤事故典型案例》等分册。本套丛书图文并茂、生动活泼，力求以简洁、通俗易懂的文字普及工伤预防最新政策和科学技术知识，不断提升各行业职工群众的工伤预防意识和自我保护意识。

本套丛书在编写过程中，参阅并部分应用了相关资料与著作，在此对有关著作者和专家表示感谢。由于种种原因，图书可能会存在不当或错误之处，敬请广大读者不吝赐教，以便及时纠正。

"工伤预防科普丛书"编委会

2021 年 3 月

目　录

第1章
矿山工伤保险与
工伤预防基础知识

1. 什么是工伤保险?

工伤保险是社会保险的重要组成部分,它通过社会统筹建立工伤保险基金,对职工因在生产经营活动中所发生的或在规定的某些情况下,遭受意外伤害、职业病以及因这两种情况造成劳动者死亡或暂时或永久丧失劳动能力时,工伤职工或其近亲属能够从国家、社会得到必要的物质补偿,以保证工伤职工或其近亲属的基本生活,以及为工伤职工提供必要的医疗救治和康复服务。工伤保险保障了工伤职工的合法权益,有利于妥善处理事故和恢复生产,维护正常的生产、生活秩序,维护社会安定。

工伤保险保障了工伤职工的合法权益，有利于妥善处理事故和恢复生产，维护正常的生产、生活秩序，维护社会安定。

　　工伤保险有4个基本特点：一是强制性，国家立法强制用人单位、职工必须参加。二是非营利性，是国家对劳动者履行的社会责任，也是劳动者应该享受的基本权利。国家施行工伤保险，目的是预防工伤事故伤害和职业病，提供所有与工伤保险有关的服务，均不以营利为目的。三是保障性，保障职工在发生工伤事故伤害或患职业病后，对劳动者或其近亲属发放工伤保险待遇，保障其生活。四是互助互济性，建立工伤保险基金，由社会保险行政主管部门在人员之间、地区之间、行业之间对费用实行再分配，调剂使用基金。

法律提示

2003 年 4 月 27 日,《工伤保险条例》以国务院令第 375 号公布, 2004 年 1 月 1 日起生效实施。2010 年 12 月 8 日, 国务院第 136 次常务会议通过《关于修改〈工伤保险条例〉的决定》, 以国务院令第 586 号公布, 自 2011 年 1 月 1 日起施行。

现行《工伤保险条例》分 8 章 67 条, 各章内容分别为: 第一章总则, 第二章工伤保险基金, 第三章工伤认定, 第四章劳动能力鉴定, 第五章工伤保险待遇, 第六章监督管理, 第七章法律责任, 第八章附则。

2. 为什么要建立工伤保险制度?

工伤所造成的直接后果是伤害到职工的生命健康, 并由此造成职工及家庭成员的精神痛苦和经济损失, 也就是说劳动者的生命健康权、生存权和劳动权受到影响、损害甚至被剥夺。实行工伤保险就是为了保障因工作遭受事故伤害或者患职业病的职工获得医疗救治和经济补偿, 促进工伤预防和职业康复, 分散用人单位的工伤风险。其主要作用有:

(1) 工伤保险作为社会保险制度的一个组成部分, 是国家通过立法强制实施的, 是国家对职工履行的社会责任, 也是职工应该享受的基本权利。工伤保险的实施是人类文明和社会发展的标志和成果。

（2）实行工伤保险制度，保障了工伤职工医疗及其基本生活、伤残抚恤和遗属抚恤，在一定程度上解除了职工及其家属的后顾之忧。工伤补偿体现出国家和社会对职工的尊重，有利于提高他们的工作积极性。

小田已经被认定为工伤，你们单位要依法给予相应的待遇！

（3）建立工伤保险制度有利于促进安全生产，保护和发展社会生产力。工伤保险与用人单位改善劳动条件、防病防伤、安全教育、医疗康复、社会服务等工作紧密相连，对提高用人单位和职工的安全生产，防止或减少事故伤害、职业病，保护职工的身体健康至关重要。

（4）工伤保险保障工伤职工的合法权益，有利于妥善处理事故和恢复生产，维护正常的生产、生活秩序，维护社会安定。

3. 工伤保险制度的适用范围是什么?

《工伤保险条例》规定,中华人民共和国境内的企业、事业单位、社会团体、民办非企业单位、基金会、律师事务所、会计师事务所等组织和有雇工的个体工商户(统称为用人单位)应当依照本条例规定参加工伤保险,为本单位全部职工或者雇工(统称为职工)缴纳工伤保险费。

中华人民共和国境内的企业、事业单位、社会团体、民办非企业单位、基金会、律师事务所、会计师事务所等组织的职工和个体工商户的雇工,均有依照《工伤保险条例》的规定享受工伤保险待遇的权利。

《工伤保险条例》中规定的"企业",包括在中国境内的所有形式的企业,按照所有制划分,有国有企业、集体所有制企业、民营企业、外资企业;按照所在地域划分,有城镇企业、乡镇企

业；按照企业的组织结构划分，有公司、合伙企业、个人独资企业、股份制企业等。

4. 工伤保险的原则是什么？

（1）强制性原则

由于工伤会给职工带来痛苦，给其家庭带来不幸，也对用人单位乃至国家不利，因此国家通过立法，强制实施工伤保险，规定适用范围内的用人单位必须依法参加并履行缴费义务。

（2）无过错补偿原则

工伤事故发生后，不管过错在谁，工伤职工均可获得补偿，以保障其及时获得救治和基本生活保障。但这并不妨碍有关部门对事故责任人的追究，以防止类似事故的重复发生。

（3）个人不缴费原则

这是工伤保险与养老、医疗、失业等其他社会保险的区别之处。由于职业伤害是在工作过程中造成的，职工为用人单位创造财富的同时付出了代价，所以职工个人不缴纳工伤保险费而由用人单位缴纳。

（4）风险分担、互助互济原则

通过法律强制征收保险费，建立工伤保险基金，采取互助互济的方法，分散风险，缓解部分用人单位、行业因工伤事故或职业病所产生的负担，从而减少社会矛盾。

（5）实行行业差别费率和浮动费率原则

为强化不同工伤风险类别行业相对应的雇主责任，充分发挥缴费费率的经济杠杆作用，促进工伤预防，减少工伤事故，工伤保险实行行业差别费率，并根据用人单位工伤保险支缴率和工伤事故发生率等因素实行浮动费率。

（6）补偿与预防、康复相结合的原则

工伤补偿、工伤预防与工伤康复三者是密切相连的，共同构成了工伤保险制度的三大重要功能。工伤预防是工伤保险制度的重要内容，工伤保险制度致力于采取各种措施，以减少和预防事故的发生。工伤事故发生后，及时对工伤职工予以医治并给予经济补偿，使工伤职工本人或家族成员生活得到一定的保障，是工伤保险制度基本的功能。同时，要及时对工伤职工进行医学康复和职业康复，使其尽可能恢复或部分恢复劳动能力，尽快具备从事某种职业的能力，能够自食其力，这可以减少人力资源和社会资源的浪费。

（7）一次性补偿与长期补偿相结合原则

对工伤职工或工亡职工的近亲属，工伤保险待遇实行一次性补偿与长期补偿相结合的办法。如对伤残等级重的职工、工亡职工的近亲属，工伤保险机构一般在支付一次性补偿项目的同时，还按月支付长期待遇，直至其失去供养条件为止。这种一次性和长期补偿相结合的方式，可以长期、有效地保障工伤职工及工亡职工近亲属的基本生活。

5. 工伤保险费为什么是由用人单位和雇主缴纳？

工伤保险费是由用人单位或雇主按国家规定的费率缴纳的，

劳动者个人不缴纳任何费用，这是工伤保险与养老保险、医疗保险等其他社会保险的不同之处。个人不缴纳工伤保险费，体现了工伤保险的严格雇主责任。

随着经济、社会的发展，世界各国已达成共识，认为职工在为用人单位创造财富、为社会做出贡献的同时，还冒着付出鲜血和健康的代价。因此，由用人单位缴纳保险费是完全必要和合理的。我国《工伤保险条例》规定，用人单位应当按时缴纳工伤保险费，职工个人不缴纳工伤保险费。用人单位缴纳工伤保险费的数额为本单位职工工资总额乘以单位缴费费率之积。对难以按照工资总额缴纳工伤保险费的行业，其缴纳工伤保险费的具体方式，由国务院社会保险行政部门规定。

6. 什么情形可以认定为工伤、视同工伤和不得认定为工伤?

《工伤保险条例》对工伤的认定作出了明确规定。

（1）职工有下列情形之一的，应当认定为工伤：

1）在工作时间和工作场所内，因工作原因受到事故伤害的。

2）工作时间前后在工作场所内，从事与工作有关的预备性或者收尾性工作受到事故伤害的。

3）在工作时间和工作场所内，因履行工作职责受到暴力等意外伤害的。

4）患职业病的。

5）因工外出期间，由于工作原因受到伤害或者发生事故下落不明的。

6）在上下班途中，受到非本人主要责任的交通事故或者城市轨道交通、客运轮渡、火车事故伤害的。

7）法律、行政法规规定应当认定为工伤的其他情形。

（2）职工有下列情形之一的，视同工伤：

1）在工作时间和工作岗位，突发疾病死亡或者在 48 小时之内经抢救无效死亡的。

2）在抢险救灾等维护国家利益、公共利益活动中受到伤害的。

3）职工原在军队服役，因战、因公负伤致残，已取得革命伤残军人证，到用人单位后旧伤复发的。

职工有上述第一项、第二项情形的，按照《工伤保险条例》

有关规定享受工伤保险待遇；职工有上述第三项情形的，按照《工伤保险条例》的有关规定享受除一次性伤残补助金以外的工伤保险待遇。

（3）职工符合前述规定，但是有下列情形之一的，不得认定为工伤或者视同工伤：

1）故意犯罪的。

2）醉酒或者吸毒的。

3）自残或者自杀的。

 相关链接

田某长期在某市铸造厂从事铸造工作。某日，车间主任派他到该厂另外一车间拿工具。在返回工作岗位途中，被该厂建筑工地坠落的砖块砸伤头部，当即被送往医院救治，被诊断为脑挫裂伤。出院后，田某要求单位为其申请工伤待遇，但是单位认为他不是在本职岗位受伤，因此不能享受工伤待遇。田某遂向当地社会保险行政部门申请工伤认定。

当地社会保险行政部门经调查后认为：虽然田某的致伤地点不是在本职岗位，但他是受领导（车间主任）指派离开本职岗位到另一车间拿工具的，故其受伤地点应属于工作场所。这一事故具有一般工伤事故应具备的"三工"要素，即在工作时间、工作地点，因工作原因而受伤。因此，当地社会保险行政部门认定田某为工伤，并责成所在单位给予田某相关工伤待遇。

7. 申请工伤认定的主要流程有哪些?

（1）发生工伤

发生工伤事故，或被诊断、鉴定为职业病。

（2）提出工伤认定申请

职工所在单位应当自职工事故伤害发生之日或者职工被诊断、鉴定为职业病之日 30 日内，向统筹地区社会保险行政部门提出工伤认定申请。

提示：用人单位未按前款规定提出工伤认定申请的，工伤职工或者其近亲属、工会组织在事故伤害发生之日或者被诊断、鉴定为职业病之日起 1 年内，可以直接向用人单位所在地统筹地区社会保险行政部门提出工伤认定申请。

（3）备齐申请材料

1）工伤认定申请表。

2）与用人单位存在劳动关系（包括事实劳动关系）的证明材料。

3）医疗诊断证明或者职业病诊断证明书（或者职业病诊断鉴定书）。

其中工伤认定申请表应当包括事故发生的时间、地点、原因以及职工伤害程度等基本情况。

（4）社会保险行政部门受理

申请材料完整，属于社会保险行政部门管辖范围且在受理时效内的，应当受理。申请材料不完整的，社会保险行政部门应当一次性书面告知工伤认定申请人需要补正的全部材料。

（5）作出工伤认定

社会保险行政部门应当自受理工伤认定申请之日起 60 日内作出工伤认定的决定，并书面通知申请工伤认定的职工或者其近亲属和该职工所在单位。

8. 申请劳动能力鉴定的主要流程有哪些?

（1）伤情基本稳定，进行劳动能力鉴定

职工发生工伤，经治疗伤情相对稳定后存在残疾、影响劳动能力的，应当进行劳动能力鉴定。劳动功能障碍分为 10 个伤残等级，最重的为一级，最轻的为十级。生活自理障碍分为 3 个等级：生活完全不能自理、生活大部分不能自理和生活部分不能自理。

（2）备齐材料，提出申请

劳动能力鉴定由用人单位、工伤职工或者其近亲属向设区的市级劳动能力鉴定委员会提出申请，并提供工伤认定决定和职工工伤医疗的有关资料。

（3）接受申请，作出鉴定结论

设区的市级劳动能力鉴定委员会应当自收到劳动能力鉴定申请之日起 60 日内作出劳动能力鉴定结论，必要时，作出劳动能力鉴定结论的期限可以延长 30 日。劳动能力鉴定结论应当及时送达申请鉴定的单位和个人。

（4）存在异议，可向上级部门提出再次鉴定申请

申请鉴定的单位或者个人对设区的市级劳动能力鉴定委员会作出的鉴定结论不服的，可以在收到该鉴定结论之日起 15 日内向

省、自治区、直辖市劳动能力鉴定委员会提出再次鉴定申请。省、自治区、直辖市劳动能力鉴定委员会作出的劳动能力鉴定结论为最终结论。

（5）伤残情况发生变化，可申请劳动能力复查鉴定

自劳动能力鉴定结论作出之日起1年后，工伤职工或者其近亲属、所在单位或者经办机构认为伤残情况发生变化的，可以申请劳动能力复查鉴定。

9. 工伤保险待遇主要包括哪些？

《工伤保险条例》中规定的工伤保险待遇主要有：

（1）工伤医疗及康复待遇

包括工伤治疗及相关补助待遇、工伤康复待遇、辅助器具的安装配置待遇等。

（2）停工留薪期待遇

职工因工作遭受事故伤害或者患职业病需要暂停工作接受工伤医疗的，在停工留薪期内，原工资福利待遇不变，由所在单位按月支付。停工留薪期一般不超过12个月。伤情严重或者情况特殊，经设区的市级劳动能力鉴定委员会确认，可以适当延长，但延长不得超过12个月。生活不能自理的工伤职工在停工留薪期需要护理的，由所在单位负责。

（3）生活护理待遇

工伤职工已经评定伤残等级并经劳动能力鉴定委员会确认需要生活护理的，从工伤保险基金按月支付生活护理费。

生活护理费按照生活完全不能自理、生活大部分不能自理和生活部分不能自理三个不同等级支付，其标准分别为统筹地区上一年度职工月平均工资的 50%、40% 或者 30%。

（4）伤残待遇

根据工伤发生后劳动能力鉴定确定的劳动功能障碍程度和生活处理障碍程度的等级不同，工伤职工可享受相应的一次性伤残补助金、伤残津贴、一次性工伤医疗补助金、一次性伤残就业补助金及生活护理费等。

（5）工亡待遇

职工因工死亡，其近亲属按照规定从工伤保险基金领取丧葬补助金、供养亲属抚恤金和一次性工亡补助金。

10. 在以下几种特殊情形下，工伤保险待遇如何规定？

（1）职工因工外出期间发生事故或者在抢险救灾中下落不明的工伤保险待遇处理

对于职工因工外出期间发生事故或者在抢险救灾中下落不明的，从事故发生当月起 3 个月内照发工资，从第 4 个月起停发工资，由工伤保险基金向其供养亲属按月支付供养亲属抚恤金。生活有困难的，可以预支一次性工亡补助金的 50%。职工被人民法院宣告死亡的，按照职工因工死亡的规定处理。

（2）职工被派遣出境工作的工伤保险待遇处理

职工被派遣出境工作，依据前往国家或者地区的法律应当参加当地工伤保险的，参加当地工伤保险，其国内工伤保险关系中止；不能参加当地工伤保险的，其国内工伤保险关系不中止。

（3）分立、合并、转让及承包经营的用人单位的工伤保险待遇处理

用人单位分立、合并、转让的，承继单位应当承担原用人单位的工伤保险责任；原用人单位已经参加工伤保险的，承继单位应当到当地经办机构办理工伤保险变更登记。用人单位实行承包经营的，工伤保险责任由职工劳动关系所在单位承担。

（4）职工被借调期间发生工伤事故的工伤保险待遇处理

职工被借调期间受到工伤事故伤害的，由原用人单位承担工伤保险责任，但原用人单位与借调单位可以约定补偿办法。

（5）企业破产时工伤保险待遇处理

企业破产的，在破产清算时要依法拨付应当由单位支付的工伤保险待遇费用。

（6）职工再次发生工伤的工伤保险待遇

职工再次发生工伤，根据规定应当享受伤残津贴的，按照认定的伤残等级享受伤残津贴待遇。

11. 为什么要做好工伤预防？

工伤预防是建立健全工伤预防、工伤补偿和工伤康复"三位一体"工伤保险制度的重要内容，是指事先防范职业伤害事故以及职业病的发生，减少职业伤害事故及职业病的隐患，改善和创造有利于健康的、安全的生产环境和工作条件，保护职工生产、

工作环境中的安全和健康。工伤预防的措施主要包括工程技术措施、教育措施和管理措施。

职工在劳动保护和工伤保险方面的权利与义务是基本一致的。在劳动关系中，获得劳动保护是职工的基本权利，工伤保险则是其劳动保护权利的延续。职工有权获得保障其安全健康的劳动条件，同时也有义务严格遵守安全操作规程，遵章守纪，预防职业伤害的发生。

当前国际上，现代工伤保险制度已经把事故预防放在优先位置。我国《工伤保险条例》把工伤预防作为工伤保险三大任务之一，从而逐步改变了过去重补偿、轻预防的模式。因此，那种"工伤有保险，出事有人赔，只管干活挣钱"的说法，显然是错误的。工伤补偿是发生职业伤害后的救助措施，不能挽回失去的生命、复原残疾的身体。从业人员只有强化安全生产意识，做好工伤预防工作，才能保障自身的安全健康。生命安全和身体健康是从业人员的最大利益，用人单位和职工要永远共同坚持"安全第一、预防为主、综合治理"的方针。

12. 工伤预防有什么作用？

（1）工伤预防可以从源头上降低工伤事故和职业病的发生，保障职工的安全健康

预防的意义在于"事先防范"，防未发生的事故，防"未病之病"，防患于未然。据多年统计，我国平均每年工伤认定（含视同）人数 100 万人左右，评定伤残等级人数 50 万人左右，新患职业病的约 2 万人。减少工伤事故和职业病的发生，保障职工在生产过程中的安全健康，需要加强预防工作。有关研究表明，现有的事故 80% 以上是可以通过安全生产管理与技术手段避免的，这说明了工伤预防工作的迫切性和重要性。

（2）工伤预防工作从根本上有利于用人单位的发展，促进社会和谐稳定

近些年，我国工伤事故和职业病所造成的危害已经引起各级政府和社会的广泛关注。随着工伤保险制度的改革与发展，将逐步加强工伤预防工作。一方面，通过工伤预防，提高用人单位安全生产管理水平，消除事故隐患，减少和避免事故的发生，既保护了职工的生命安全与身体健康，也减少了事故发生给用人单位带来的损失，保障生产经营的顺利进行，有助于用人单位的良性发展，进而推动经济社会的发展进步。另一方面，工伤事故少了，

将大大减少由此引发的用人单位与职工双方的争议，有利于建立和谐的劳动关系，促进社会的和谐稳定。

（3）工伤预防可以减少工伤保险基金的支出和社会物质财富的损失，降低社会成本

西方国家有谚语："一镑的预防等于十镑的治疗"，形象地说明了预防的投入产出比是很高的。国际通行的"损失控制"理论表明，在前期投入少量资金开展工伤预防工作，可减少大量的事后补偿支出。据国际劳工组织估测，一个国家职业伤害造成的经济损失达国内生产总值（GDP）的 2% 左右。按 2020 年我国 1 015 986 亿元人民币的 GDP 总额计算，我国一年中各种职业伤害造成的经济损失高达 2 万多亿元人民币。工伤预防工作能减少职业伤害，从而从根本上减少工伤保险基金支出。实践证明，加强工伤预防工作，减少工伤事故发生，是控制工伤保险基金支出的有效办法之一。同时，工伤事故的降低，工伤职工人数的减少，除了可以降低工伤保险赔付和待遇支付外，还可减少社会保险行政部门工伤认定、劳动能力鉴定和待遇核付等一系列工作的工作量和管理费用，从而降低行政成本。

13. 为什么要安全生产？

安全生产是党和国家在生产建设中一贯的指导思想和重要方针，是全面落实习近平新时代中国特色社会主义思想，构建社会主义和谐社会的必然要求。

安全生产的根本目的是保障劳动者在生产过程中的安全和健

康。安全生产是安全与生产的统一，安全促进生产，生产必须安全，没有安全就无法正常进行生产。搞好安全生产工作，改善劳动条件，减少职工伤亡与财产损失，不仅可以增加企业效益，促进企业的健康发展，而且还可以促进社会的和谐，保障经济建设的安全进行。

《中华人民共和国安全生产法》（以下简称《安全生产法》）是我国安全生产的专门法律、基本法律，是职业安全法律体系的核心，自 2002 年 11 月 1 日起实施。《安全生产法》明确规定安全生产应当以人为本，坚持人民至上、生命至上，把保护人民生命安全摆在首位，树牢安全发展理念，坚持安全第一、预防为主、综合治理的方针。强化和落实生产经营单位的主体责任，建立生产经营单位负责、职工参与、政府监管、行业自律和社会监督的工作机制。这是党和国家对安全生产工作的总体要求，生产经营单位和职工在劳动生产过程中必须严格遵循。

"安全第一"强调了安全的重要性。人的生命是至高无上的，每个人的生命只有一次，要珍惜生命、爱护生命、保护生命。事故意味着对生命的摧残与毁灭，因此，在生产活动中，应把保护生命安全放在第一位，坚持最优先考虑人的生命安全。"预防为主"是指安全生产工作的重点应放在预防事故的发生上，要按照系统工程理论，根据事故发展的规律和特点，预防事故的发生。安全工作应当在生产活动之前设计，充分考虑事故发生的可能性，并自始至终采取有效措施以防止和减少事故。"综合治理"是指要自觉遵循安全生产规律，抓住安全生产工作中的主要矛盾和关键环节。要标本兼治，重在治本，采取各种管理手段预防事故发生，在治标的同时，研究治本的方法。要综合运用科技、经济、法律、行政等手段，并充分发挥社会、职工、舆论的监督作用，从各个方面着手解决影响安全生产的深层次问题，做到思想上、制度上、技术上、监督检查上、事故处理上和应急救援上的综合管理。

 法律提示

《中华人民共和国宪法》第四十二条第一款和第二款规定：中华人民共和国公民有劳动的权利和义务。

国家通过各种途径，创造劳动就业条件，加强劳动保护，改善劳动条件，并在发展生产的基础上，提高劳动报酬和福利待遇。

14. 矿山行业主要职业病危害因素有哪些？

矿山开采中主要的职业病危害因素有生产性粉尘、有害气体、不良环境条件、噪声和振动等，同时由于井下劳动强度大、作业姿势不良、采光照明不佳等原因，导致外伤等意外事故极易发生。

（1）生产性粉尘

生产性粉尘是矿山行业中的主要危害因素，在矿山生产过程中，可产生大量的含硅量较高的粉尘，使矿工患尘肺病的可能性较高。

（2）有害气体

在矿山生产过程中可能会接触到瓦斯、一氧化碳、二氧化碳、氮氧化物、硫化氢等有害气体，浓度过高时可使人中毒、窒息，甚至死亡。

（3）不良环境条件

矿山井下环境条件的特点是气温高、湿度大、温差大。因此，矿工易患感冒、上呼吸道炎症及风湿性疾病。

（4）其他危害因素

由风动工具、皮带运输机发出的噪声和振动，可引起职业性耳聋和振动病。

另外，劳动强度大和不良工作体位易使矿工患腰腿痛、关节炎等；矿山开采中的片帮冒顶以及由运输和机械造成的事故是矿工外伤发生的主要原因。

15. 煤矿井下五大自然灾害是什么?

煤矿井下的五大自然灾害是指瓦斯、水灾、火灾、煤尘、冒顶所造成的灾害事故。

(1)瓦斯

1)性质:无色、无味、无臭的气体。

2)来源:采落的煤炭、顶板或底板的岩石、采空区、邻近煤层。

3)危害:使环境空气氧含量减少,会使人因为缺氧而窒息;瓦斯在一定条件下,会发生燃烧、爆炸,造成人体伤害;瓦斯密度为空气的一半,会积聚在巷道空间上部。

(2)水灾

1)水源:地表水、含水岩层水、断层水、老空积水、岩溶水、封闭不良的钻孔水。

2)原因:

①地面防洪、防水措施不当。

②水文地质情况不明,接近水体时未执行探水制度,盲目施工或执行探水制度措施不严密。

③对积水巷道位置测量错误。

④乱采乱掘破坏防水煤柱或岩柱。

⑤工程质量低劣,井巷严重冒顶,导致与含水层、老空水、地表水贯通。

⑥管理不善,井下无防水闸门或防水闸门质量低劣。

⑦排水能力不足或机电事故影响。

3）危害：

①人员伤亡、巷道被淹、矿井停产。

②引起老空积水，造成瓦斯和硫化氢涌出达到爆炸浓度会发生爆炸；人体吸入剧毒的硫化氢，也会中毒死亡。

③回采率降低，严重影响煤炭资源的开采利用。

（3）火灾

1）火灾发生的条件：可燃物、引火热源、空气（氧气）。

2）分类：外因火灾，即外来热源引起的火灾（瓦斯、煤尘爆炸）；内因火灾，即煤的自燃形成的火灾。

3）易发自燃的地点：多发生在回采工作面开采线、回采线、上下煤柱线、进风道、回风道、采空区、巷道冒高处、老窑与地面沟通处等留有煤柱或浮煤的地方。

4）危害：

①产生大量有害气体，威胁人的生命安全。

②引起瓦斯、煤尘爆炸。

③产生火风压，造成巷道风流紊乱，使某些井巷的风流发生逆转，受灾范围扩大并使灭火人员陷入火区。

④产生再生火源。

（4）煤尘

1）分类：浮尘和落尘。

2）煤尘爆炸三大条件：

①煤尘本身具有爆炸性。

②悬浮于空气中的煤尘具有一定的浓度。

③要有足以点燃煤尘的热源。

3）煤尘爆炸因素：

①煤的挥发分。

②煤的灰分和水分。

③煤尘粒度。

④瓦斯浓度。

⑤氧气的浓度（体积分数大于17%）。

⑥引爆热源。

4）危害：

①尘肺病。

②引起燃烧和爆炸。

③影响视线，污染环境。

（5）冒顶

1）易发地点：两线（放顶线、煤壁线）、两口（工作面上、下出口）和有地质构造变化的区域。

2）冒顶事故分类：

①局部冒顶：局部冒顶是指冒顶范围不大，仅在3~5组支架范围内，造成的伤亡人数不多的冒顶。

②大型冒顶。大型冒顶是指范围较大，造成的伤亡人数较多（每次死亡3人以上）的冒顶。

③压垮型冒顶。因支护强度不足，顶板来压时压垮支架造成的冒顶事故。

④漏垮型冒顶。由于顶板破碎，支护不严而引起破碎的顶板岩石冒落的冒顶事故。

⑤推垮型冒顶。因复合型顶板水平推力作用，使支架大量倾

斜而造成的冒顶事故。

3）冒顶的预兆：直接顶上、支架及棚子上、煤壁上产生异常声音。

16. 做好工伤预防要注意杜绝哪些不安全行为？

一般，凡是能够或可能导致事故发生的人为失误均属于不安全行为。《企业职工伤亡事故分类》（GB 6441—1986）中规定了 13 大类不安全行为，包括：

（1）操作错误，忽视安全，忽视警告。未经许可，开动、关停、移动机器；开动、关停机器时未发出信号，开关未锁紧，造成意外转动、通电或泄漏等；忘记关闭设备；忽视警告标志、警告信号；错误操作按钮、阀门、扳手、把柄等；奔跑作业，供料或送料速度过快；机械超速运转；违章驾驶机动车；酒后作业；客货混载；冲压机作业时，手伸进冲压模；工件紧固不牢；用压缩空气吹铁屑。

（2）造成安全装置失效。安全装置被拆除、堵塞，或因调整的错误造成安全装置失效。

（3）使用不安全设备。临时使用不牢固的设施或无安全装置的设备等。

（4）手代替工具操作。用手代替手动工具，用手清除切屑，不用夹具固定而手持工件进行机加工。

（5）物体存放不当。成品、半成品、材料、工具、切屑和生产用品等存放不当。

（6）冒险进入危险场所。

（7）攀、坐不安全位置。

（8）在起吊物下作业、停留。

（9）机器运转时从事加油、修理、检查、调整、焊接、清扫等工作。

（10）有分散注意力行为。

（11）在必须使用个人防护用品用具的作业或场合中，未按规定使用。

（12）在有旋转零部件的设备旁作业穿肥大服装；操纵带有旋转零部件的设备时戴手套。

（13）对易燃易爆等危险物品处理错误。

血的教训

　　某日，某厂生产一班给矿皮带工张某、和某两人打扫 4 号给矿皮带附近的场地，清理积矿。当张某清扫完非人行道上的积矿后，准备到人行道上帮助和某清扫。当时，张某拿着 1.7 米长的铁铲，为图方便抄近路，他违章从 4 号给矿皮带与 5 号给矿皮带之间穿越（当时，4 号给矿皮带正以每秒 2 米的速度运行，5 号给矿皮带已停运）。张某手里拿的铁铲触及运行中的 4 号皮带的张紧轮，铁铲和人一起被卷到了皮带张紧轮上，铁铲的木柄被折成两段弹了出去，张某的头部顶在张紧轮外的支架上，在高速运转的皮带挤压下，造成头骨破裂，当场死亡。

　　这起事故的直接原因是张某安全意识淡薄，自我保护意识极差，严重违反了皮带操作工安全操作规程中关于"严禁穿越皮带"的规定。事后据调查，张某曾多次违章穿越皮带，属习惯性违章，正是他的违章行为，导致了这起伤亡事故的发生。

　　这起事故给人们的教训是，企业应设置有效的安全防护设施，提高设备的本质安全水平。同时，对职工要加强教育，增强其安全意识，杜绝不安全行为。

17. 做好工伤预防要注意避免出现哪些不安全心理?

根据大量的工伤事故案例分析，导致职工发生职业伤害最常见的不安全心理状态主要有以下几种：

（1）自我表现心理——"虽然我进厂时间短，但我年轻、聪明，干这活儿不在话下……"

（2）经验心理——"多少年一直这样干，干了多少遍了，能有什么问题……"

（3）侥幸心理——"完全照操作规程做太麻烦了，变通一下也不一定会出事吧……"

（4）从众心理——"他们都没戴安全帽，我也不戴了……"

（5）逆反心理——"凭什么听班长的呀，今儿我就这么干，我就不信会出事……"

（6）反常心理——"早上孩子肚子疼，自己去了医院，也不知道是什么病，真担心……"

 血的教训

　　某日，某机械厂切割机操作工王某，在巡视纵向切割机时发现刀锯与板坯摩擦，有冒烟和燃烧现象，如不及时处理有可能引起火灾。王某当即停掉风机和切割机去排除故障，但没有关闭皮带机电源，皮带机仍然处于运转状态。当王某伸手去掏燃着的纤维板屑时，袖口连同右臂突然被皮带机齿轮绞住，直到工友听到王某的呼救声才关闭了皮带机电源。这起事故造成王某右臂伤残。

　　这起事故的发生与操作者存在侥幸、麻痹心理有直接的关系。操作者以前多次不关闭皮带机就去排除故障，侥幸未造成事故，因而麻痹大意，由此逐渐形成习惯性违章并最终导致惨剧发生。

第2章
权利和义务

18. 职工工伤保险和工伤预防的权利主要体现在哪些方面？

职工的工伤保险和工伤预防的权利主要体现在：

（1）有权获得劳动安全卫生的教育和培训，了解所从事的工作可能对身体健康造成的危害和可能发生的不安全事故。

（2）有权获得保障自身安全、健康的劳动条件和劳动防护用品。

（3）有权对用人单位管理人员违章指挥、强令冒险作业予以拒绝。

（4）有权对危害生命安全和身体健康的行为提出批评、检举和控告。

（5）从事职业危害作业的职工有权获得定期健康检查。

（6）发生工伤时，有权得到及时的抢救治疗。

（7）发生工伤后，职工或其近亲属有权向当地社会保险行政部门申请认定工伤和享受工伤待遇。

（8）工伤职工有权按时足额享受有关工伤保险待遇。

（9）工伤职工发生伤残，有权提出劳动能力鉴定申请和再次鉴定申请。自劳动能力鉴定结论作出之日起一年后，工伤职工或其近亲属认为伤残情况发生变化的，可以申请劳动能力复查鉴定。

（10）因工致残尚有工作能力的职工，在就业方面应得到特殊保护，依照法律规定用人单位对因工致残的从业人员不得解除劳动合同，并应根据不同情况安排适当工作；在建立和发展工伤康复事业的情况下，应当得到职业康复培训和再就业帮助。

（11）职工与用人单位发生工伤待遇方面的争议，按照处理劳动争议的有关规定处理；职工对工伤认为结论不服或对经办机构核定的工伤保险待遇有异议的，可以依法申请行政复议，也可以依法向人民法院提起诉讼。

19. 什么是安全生产的知情权和建议权？

从事矿山生产活动，往往存在着一些对从业人员人身安全和健康有危险、危害的因素。从业人员有权了解其作业场所和工作岗位与安全生产有关的情况：一是存在的危险因素；二是防范措施；三是事故应急措施。从业人员对于安全生产的知情权，是保护劳动者生命健康权的重要前提。如果从业人员知道并且掌握有关安全生产的知识和处理办法，就可以消除许多不安全因素和事故隐患，避免或者减少事故的发生。

同时，从业人员对本单位的安全生产工作有建议权。因安全生产工作涉及自身的生命安全和身体健康，所以从业人员有权参与生产经营单位的民主管理。从业人员通过参与生产经营过程的民主管理，可以充分调动其关心安全生产的积极性与主动性，为本单位的安全生产工作献计献策，并提出意见与建议。

20. 什么是安全生产的批评权、检举权、控告权？

安全生产批评权是指从业人员对本单位安全生产工作中存在的问题有提出批评的权利。这一权利规定有利于从业人员对生产经营状况进行群众监督，促使生产经营单位不断改进本单位的安全生产工作。

安全生产检举权、控告权是指从业人员对本单位及有关人员违反安全生产法律法规的行为，有向主管部门和司法机关进行检举和控告的权利。检举可以署名，也可以不署名；可以用书面形式，也可以用口头形式。但是，从业人员在行使这一权利时，应注意检举和控告的情况必须真实，反映问题要实事求是。此外，法律明令禁止对安全生产检举和控告者进行打击报复。

21. 女职工依法享有哪些特殊劳动保护权利？

女职工的身体结构和生理特点决定其应受到特殊劳动保护。女职工的体力一般比男职工差，特别是女职工在"五期"（经期、孕期、产期、哺乳期、围绝经期）有特殊的生理变化现象，所以女职工对工业生产过程中的有毒有害因素一般比男职工敏感性强。另外，高噪声环境、剧烈振动、放射性物质等都会对女性生殖系统和身体产生有害影响。因此，要做好和加强女职工的特殊劳动保护工作，避免和减少生产劳动过程给女职工带来的危害。

《女职工劳动保护特别规定》于 2012 年 4 月 18 日国务院第 200 次常务会议通过，国务院令第 619 号公布施行。该规定对女职工的特殊劳动保护作出以下主要要求：

（1）用人单位应当加强女职工劳动保护，采取措施改善女职工劳动安全卫生条件，该规定对女职工进行劳动安全卫生知识培训。

（2）用人单位应当遵守女职工禁忌从事的劳动范围的规定。用人单位应当将本单位属于女职工禁忌从事的劳动范围的岗位书面告知女职工。

（3）用人单位不得因女职工怀孕、生育、哺乳降低其工资、予以辞退、与其解除劳动或者聘用合同。

（4）女职工在孕期不能适应原劳动的，用人单位应当根据医疗机构的证明，予以减轻劳动量或者安排其他能够适应的劳动。对怀孕 7 个月以上的女职工，用人单位不得延长劳动时间或者安排夜班劳动，并应当在劳动时间内安排一定的休息时间。怀孕女职工在劳动时间内进行产前检查，所需时间计入劳动时间。

（5）女职工生育享受 98 天产假，其中产前可以休假 15 天；难产的，增加产假 15 天；生育多胞胎的，每多生育 1 个婴儿，增加产假 15 天。女职工怀孕未满 4 个月流产的，享受 15 天产假；

怀孕满 4 个月流产的，享受 42 天产假。

（6）女职工产假期间的生育津贴，对已经参加生育保险的，按照用人单位上年度职工月平均工资的标准由生育保险基金支付；对未参加生育保险的，按照女职工产假前工资的标准由用人单位支付。女职工生育或者流产的医疗费用，按照生育保险规定的项目和标准，对已经参加生育保险的，由生育保险基金支付；对未参加生育保险的，由用人单位支付。

（7）对哺乳未满 1 周岁婴儿的女职工，用人单位不得延长其劳动时间或者安排夜班劳动。用人单位应当在每天的劳动时间内为哺乳期女职工安排 1 小时哺乳时间；女职工生育多胞胎的，每多哺乳 1 个婴儿每天增加 1 小时哺乳时间。

（8）女职工比较多的用人单位应当根据女职工的需要，建立女职工卫生室、孕妇休息室、哺乳室等设施，妥善解决女职工在生理卫生、哺乳方面的困难。

（9）在劳动场所，用人单位应当预防和制止对女职工的性骚扰。

（10）用人单位违反有关规定，侵害女职工合法权益的，女职工可以依法投诉、举报、申诉，依法向劳动争议仲裁委员会申请调解仲裁，对仲裁裁决不服的，可以依法向人民法院提起诉讼。

 法律提示

（1）女职工禁忌从事的劳动范围

1）矿山井下作业。

2）体力劳动强度分级标准中规定的第四级体力劳动强度的作业。

3）每小时负重6次以上、每次负重超过20千克的作业，或者间断负重、每次负重超过25千克的作业。

（2）女职工在经期禁忌从事的劳动范围

1）冷水作业分级标准中规定的第二级、第三级、第四级冷水作业。

2）低温作业分级标准中规定的第二级、第三级、第四级低温作业。

3）体力劳动强度分级标准中规定的第三级、第四级体力劳动强度的作业。

4）高处作业分级标准中规定的第三级、第四级高处作业。

（3）女职工在孕期禁忌从事的劳动范围

1）作业场所空气中铅及其化合物、汞及其化合物、苯、镉、铍、砷、氰化物、氮氧化物、一氧化碳、二硫化碳、氯、己内酰胺、氯丁二烯、氯乙烯、环氧乙烷、苯胺、甲醛等有毒物质浓度超过国家职业卫生标准的作业。

2）从事抗癌药物、己烯雌酚生产，接触麻醉剂气体等的作业。

3）非密封源放射性物质的操作，核事故与放射事故的应急处置。

4）高处作业分级标准中规定的高处作业。

5）冷水作业分级标准中规定的冷水作业。

6）低温作业分级标准中规定的低温作业。

7）高温作业分级标准中规定的第三级、第四级的作业。

8）噪声作业分级标准中规定的第三级、第四级的作业。

9）体力劳动强度分级标准中规定的第三级、第四级体力劳动强度的作业。

10）在密闭空间、高压室作业或者潜水作业，伴有强烈振动的作业，或者需要频繁弯腰、攀高、下蹲的作业。

（4）女职工在哺乳期禁忌从事的劳动范围

1）孕期禁忌从事的劳动范围的第一项、第三项、第九项。

2）作业场所空气中锰、氟、溴、甲醇、有机磷化合物、有机氯化合物等有毒物质浓度超过国家职业卫生标准的作业。

22. 为什么未成年工享有特殊劳动保护权利?

未成年工依法享有特殊劳动保护的权利。这是针对未成年工处于生长发育期的特点以及接受义务教育的需要所采取的特殊劳动保护措施。

未成年工处于生长发育期,身体机能尚未健全,也缺乏生产知识和生产技能,过重及过度紧张的劳动,不良的工作环境,不适的劳动工种或劳动岗位,都会对他们产生不利影响,如果劳动过程中不进行特殊保护就会损害他们的身体健康。

如未成年少女长期从事负重作业和立位作业,可影响骨盆正常发育,导致其成年后生育难产发病率增高;未成年工对生产性毒物敏感性较高,长期从事有毒有害作业易引起职业中毒,影响其生长发育。

 法律提示

　　《中华人民共和国劳动法》(以下简称《劳动法》)规定:未成年工是指年满 16 周岁未满 18 周岁的劳动者。不得安排未成年工从事矿山井下、有毒有害、国家规定的第四级体力劳动强度的劳动和其他禁忌从事的劳动。用人单位应当对未成年工定期进行健康检查。

　　关于未成年工其他特殊劳动保护政策和未成年工禁忌作业范围的规定,可查阅《中华人民共和国未成年人保护法》《未成年工特殊保护规定》等。

23. 签订劳动合同时应注意哪些事项？

职工在上岗前应和用人单位依法签订劳动合同，建立明确的劳动关系，确定双方的权利和义务。关于劳动保护和安全生产，在签订劳动合同时应注意两方面的问题：第一，在合同中要载明保障劳动者劳动安全、防止职业危害的事项；第二，在合同中要载明依法为劳动者办理工伤保险的事项。

遇到以下劳动合同不要签：

（1）"生死合同"

在危险性较高的行业，用人单位往往在合同中写上一些逃避责任的条款，典型的如"发生伤亡事故，单位概不负责"。

（2）"暗箱合同"

这类合同隐瞒工作过程中的职业危害，或者采取欺骗手段剥夺从业人员的合法权利。

（3）"霸王合同"

有的用人单位与劳动者签订劳动合同时，只强调自身的利益，无视劳动者依法享有的权益，不容许劳动者提出意见，甚至规定"本合同条款由用人单位解释"等。

（4）"卖身合同"

这类合同要求劳动者无条件听从用人单位安排，用人单位可以任意安排加班加点，强迫劳动，使劳动者完全失去人身自由。

（5）"双面合同"

一些用人单位在与劳动者签订合同时准备了两份合同，一份合同用来应付有关部门的检查，另一份用来约束劳动者。

 法律提示

《安全生产法》规定：生产经营单位与从业人员订立的劳动合同，应当载明有关保障从业人员劳动安全、防止职业危害的事项，以及依法为从业人员办理工伤保险的事项。

生产经营单位不得以任何形式与从业人员订立协议，免除或者减轻其对从业人员因生产安全事故伤亡依法应承担的责任。

24. 职工工伤保险和工伤预防的义务主要有哪些？

权利与义务是对等的，有相应的权利，就有相应的义务。职工在工伤保险和工伤预防方面的义务主要有：

（1）职工有义务遵守劳动纪律和用人单位的规章制度，做好本职工作和被临时指定的工作，服从本单位负责人的工作安排和指挥。

（2）职工在劳动过程中必须严格遵守安全操作规程，正确使用劳动防护用品，接受劳动安全卫生教育和培训，配合用人单位积极预防工伤事故和职业病。

（3）职工或其近亲属报告工伤和申请工伤待遇时，有义务如实反映发生工伤事故和职业病的有关情况及工资收入、家庭有关情况；当有关部门调查取证时，应当给予配合。

（4）除紧急情况外，发生工伤的职工应当到工伤保险签订服务协议的医疗机构进行治疗，对于治疗、康复、评残要接受有关机构的安排，并给予配合。

25. 生产作业中，职工为何必须遵章守制与服从管理？

安全生产规章制度、安全操作规程，是生产经营单位管理规章制度的重要组成部分。

根据《安全生产法》及其他有关法律、法规和规章的规定，生产经营单位必须制定本单位安全生产的规章制度和操作规程，职工必须严格依照这些规章制度和操作规程进行生产经营作业。用人单位的负责人和管理人员有权依照规章制度和操作规程进行安全管理，监督检查职工遵章守制的情况。依照法律规定，生产经营单位的职工不服从管理，违反安全生产规章制度和操作规程的，由生产经营单位给予批评教育，依照有关规章制度给予处分；造成重大事故，构成犯罪的，依照《中华人民共和国刑法》有关规定追究刑事责任。

26. 为什么职工应当接受安全教育和培训？

不同企业、不同工作岗位和不同的生产设施设备具有不同的安全技术特性和要求。随着高新技术装备的大量使用，对职工的安全素质要求越来越高。职工的安全意识和安全技能的高低，直接关系生产活动的安全可靠性。职工需要具有系统的安全知识，熟练的安全技能，以及对不安全因素和事故隐患、突发事故的预防、处理能力和经验。要适应企业生产活动的需要，职工必须接受专门的安全教育和业务培训，不断提高自身的安全生产技术知识和能力。

第 *3* 章

矿山常见工伤
事故及其预防

27. 如何预防冒顶片帮工伤事故?

冒顶片帮是指井下开采或支护不当,顶部或侧壁大面积垮塌造成的伤害事故。矿井作业面,巷道侧壁在岩石应力作用下变形、破坏而脱落的现象称为片帮,顶部垮塌称为冒顶。冒顶片帮是井下开采矿山中最常发生的事故,多发于掘进工作面、巷道开岔或贯通处、大断面硐室、破碎带、采矿场、岩石节理发育场所等。冒顶片帮的危害方式是造成岩石局部冒落、垮落,后果是砸伤和埋压作业人员,容易造成伤亡事故。

冒顶片帮大多数是局部冒落及浮石引起的,而大规模冒落及片帮事故相对较少。

(1)引发冒顶片帮事故的原因

1）采矿方法不合理和顶板管理不善、采掘程序不当、凿岩爆破等作业不规范。

2）支护方式不当、不及时支护或支护质量和顶板压力不相适应等。

3）检查不周、疏忽大意。

4）没有敲帮问顶做细致全面检查，没有掌握浮石情况，处理浮石操作不当，违反操作规程。

5）地质矿床等自然条件不好。

6）地压活动。

（2）预防冒顶片帮工伤事故的主要措施

1）认真编制并严格执行采区设计方案和工作面作业规程。

2）采取有效支护措施、提高支护质量，使工作面支护系统有足够支撑力和可缩量。

3）严格执行敲帮问顶制度，正确识别和处理围岩来压情况。

4）及时回柱放顶，使顶板充分垮落。

5）特殊条件下要采取有针对性的安全措施，如采取爆破措施、支护措施、背顶措施和回柱措施等，以防止冒顶事故发生。

6）进行矿压预测预报，掌握顶板压力分布和来压规律，注重对冲击地压的预防。

7）严格控制采高和控顶距离。

8）认真做好维修井巷时的支架撤换。

（3）大规模冒顶事故的预防措施

1）回采工作面要适当加大支护密度。回采工作面要适当加大支护密度以加强工作面的总支撑力，其目的是减少顶板下沉量。下沉量小，顶板就比较完整，可减少或消除冒顶事故。但支架过多，其架设和回收工作量大，工作面空间狭小，给岗位操作带来不便。总支撑力多大才合理，要根据实际情况而定，一般设计值可比计算值略高一些。

2）掌握顶板周期来压规律。在工作中要探索顶板地压规律，如果支架总支撑力只能适应当时顶板压力，当有周期来压时就会出现危险，因此在来压前要加强支护，增加支架。

3）加快工作面推进速度。工作面推进速度越慢，顶板下沉量就越大，若遇顶板不完整，木支架折损就多。使用金属支架时，工作面的总支撑力就相对增大，比较容易推进工作面。因此，需要加快工作面推进速度时，可尽量使用金属支架，以相对增大总支撑力。

4）保证支架的规格和质量。冒顶与支架规格和质量有直接关

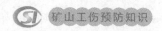

系，在具体工作中要解决支架"顶不紧""抗不住"，起不到支撑作用的问题，使用的支架必须符合安全生产中工艺条件的质量要求。

（4）局部冒顶事故的预防措施

1）选择合理的支护方式。不同岩石性质的顶板，要采用不同的支护方式，如坚硬顶板可采用锚杆或带帽锚杆，破碎的顶板需要用连锁棚架，在栅架上还要插入背板。

2）回采后要及时支护。采用空场采矿法时，顶板暴露面积较大，因此要严格按照设计要求留下矿柱或打临时锚杆的办法及时支护。

3）回采和支护工作必须严格按照操作规程和作业程序进行，不得违章操作或偷工减料。

28. 如何预防炮烟中毒窒息工伤事故？

地下矿山采掘作业中，需用炸药进行爆破作业，以开拓井巷或爆破采矿。爆破时会产生大量的炮烟，炮烟中含有有毒有害气体，其主要成分有一氧化碳、二氧化碳、氢气、一氧化氮、氰化氢、甲烷、氨气、二氧化硫、二氧化氮、硫化氢等，这些气体对人体的危害性极大。当人体吸进一定量的有毒气体之后，轻则引起头痛、心悸、呕吐、四肢无力、晕厥，重则使人发生痉挛、呼吸停顿，甚至死亡。

（1）引起炮烟中毒与窒息的原因

1）通风设计不合理，炮烟长时间在作业面滞留，独头掘进巷道没有局部机械通风，或未做到新风有来路、污风有出路，或通风的时间过短等。

2）警戒标志不合理或没有标志，人员意外进入通风不畅、长期不通风的盲巷、采空区、硐室等。

3）意外的风流短路、停风或主机械通风未开，人员意外进入炮烟污染区并长时间停留。

（2）预防炮烟中毒窒息事故的主要措施

1）技术措施。减少或消除炸药爆破炮烟中有毒气体的产生，这是防止炮烟中毒的根本措施，具体措施包括以下几个方面。

①炮烟消除技术措施。优选炸药品种和严格控制一次起爆药量。在井巷爆破掘进过程中，应根据工作面的实际情况选择炸药品种。如井巷工作面存在积水时，应选用抗水型炸药，防止因炸药受潮影响爆炸的稳定传播，从而产生大量有毒气体。对于低温冻结井施工，应选用防冻型炸药，否则炸药会因不完全爆炸产生大量有毒气体。爆破产生的有毒气体量与炸药用量成正比，严格控制起爆药量，可以有效降低有毒气体生成量。

②物理化学方法

a. 合理使用水炮泥。用水炮泥代替泥土，炮烟中的二氧化碳、一氧化碳、二氧化氮等含量均可大大降低。

b. 水炮泥中添加抑制剂。选择使用在 1% 碱液中加二氧化锰成为胶质悬浮物的液体，装在聚乙烯袋中用作炮泥，能显著降低炮烟中的有毒气体。或者用次氯酸钾和过氧化氢（1∶12）溶液作为氧化液，放在聚乙烯袋中置于炮药和炮泥之间，以消除炮烟中的一氧化碳和二氧化氮两种气体。

③炮烟净化技术措施

a. 选用中和剂。在爆破后的工作面巷道中，用压缩机喷射筛过的熟石灰，以消除二氧化氮。

b. 采用气体净化装置。采用带空气过滤器的气体净化装置，过滤器中装有粒度为 3 毫米的霍加拉特（主要成分为二氧化锰、氧化铜）及粒度为 3~5 毫米的碱石灰，放到工作面开动风机，使炮烟中的一氧化碳和二氧化氮与过滤器里的化学药剂作用，生成二氧化碳而被吸收。

2）工程措施：

①对地下矿山进行通风系统优化改造，根据通风阻力测定结果，结合每个采掘工作面的需风量情况，优化通风系统。

②炮烟监测预警工程。按照《金属非金属地下矿山监测监控系统建设规范》（AQ 2031—2011），为每个班组配置便携式气体检测报警仪，并建设有毒有害气体在线监测系统。

3）管理措施：

①加强爆破技术管理。爆破作业人员应严格按规定时间放炮，其他作业人员必须在规定的放炮时间内撤离危险区。加强炸药运输和储存的管理，保证炮孔堵塞长度和堵塞质量，采用水封爆破或放炮喷雾，使用反向起爆方式。

②加强爆破警戒。严格按爆破规程的规定进行警戒，做到所有通往爆破作业面的通道，都悬挂警戒标志和人员站岗警戒。警戒人员必须在爆破前对所有受爆破影响的区域及相邻作业面进行清岗。

③严格规范爆破组织措施。两人以上进行爆破时，要指定负

责人，负责了解和掌握爆破作业点和周围作业面的相互关系，互相协调，并制定稳妥的安全措施和组织措施。与相邻作业面同时进行爆破作业时，必须协调好爆破时间，防止相互影响造成事故。

④加强安全培训。加强爆破技术和安全技术培训，提高爆破人员的素质以及井下作业人员自我防护能力。

⑤个体防护。由于地下矿井生产的特殊性，入井人员必须随身携带过滤式自救器。

29. 如何预防透水工伤事故？

矿井透水是指在掘进或采矿过程中，当巷道揭穿导水断裂层、富水溶洞、积水老窿时，大量地下水突然涌入矿山井巷的现象。矿井透水一般来势凶猛，常会在短时间内淹没巷道，给矿山生产带来危害，造成人员伤亡。在富水的岩溶水矿区及顶底板有较厚高压含水层分布的矿山区，以及构造破碎的地段，常易发生矿井透水。透水发生原因有很多种，主要是地质条件不明，未查清含水层或老窑、老窿以及经验不足不能及时发现透水预兆。

透水预防措施主要包括：

（1）探水前做好准备工作。

（2）对地质条件复杂的矿山，在接近水体又有断裂层的地带或与水体有联系的可疑地段，必须坚持"有疑必探，先探后掘"的原则。

（3）打探水孔时，如发现岩石变软（发松），水量异常，则必须查明原因再掘。

（4）探水、放水的工作人员必须有丰富的经验。

（5）在被淹井下进行探水、排水、放水前必须通风，并采用防爆灯照明，防止有害气体伤人。

30. 如何预防矿井火灾工伤事故？

火灾是指在时间或空间上失去控制的燃烧所造成的灾害，容易造成重特大事故。火灾多发于存有易燃易爆物品的地点、电气设备的配电房、电缆电线经过处等。矿井火灾会烧毁大量设备、产生大量有害有毒气体，使作业人员受伤或死亡。

矿井火灾发生的主要原因是危险区域使用明火以及电气设备电路维护不好、过负荷或短路等。

（1）矿井火灾一般技术预防措施

1）井筒、井底车场、主要巷道和硐室等采用不燃性材料支护。

2）设置消防材料库：

①地面。消防材料库应设置在井口附近，并有铁路直通井口，但不得设在井口房内。

②井下消防材料库应设在每一个生产水平的井底车场或主要运输大巷中。

③消防材料库储存的材料、工具的品种和数量由矿长确定，并指定专人定期检查和更换，不可作为他用。因处理事故所消耗的材料，必须及时补齐。

3）设置防火门。为了避免地面火灾传入井下，应在进风口和出风平硐口设置防火铁门，否则必须设有防止烟火进入井筒的安全措施。

4）设置消防水池和井下防水管路系统，并满足消防的要求。

5）禁止在井口与井下使用明火。

6）井下易燃的废弃物要及时运到地面指定场所。

7）井下进行焊接等作业时，要有专人监护防火，并停止其他作业。

8）严格对炸药库照明、防潮设施定期进行检查。

9）井下禁止使用电热器与灯泡取暖和烤物。

（2）矿井火灾开采技术预防措施

1）正确选择开拓系统和采煤方法。

2）采用集中岩巷及减少对煤层的切割。

3）提高回采率和加快回采速度。

4）采空区易于隔离，有自然发火危险的煤层采空区应尽量封闭。

（3）矿井火灾通风预防措施

1）选择科学合理的通风系统。

2）实行分区通风。

3）运用调压方法减少漏风。

4）预防性灌浆。

5）阻化剂防火。

31. 如何预防矿山高处坠落工伤事故?

矿山生产过程中，人员在有 2 米以上高度差处作业的情况很多。例如，露天矿的台阶间、井工矿内的竖直井巷都有较大的高差；矿山工业建筑物、构筑物的修建、使用和维修过程中，人员在较高处作业；一些大型矿山设备的安装、调整和维修，也需要人员在有较大高度差的场所作业。矿山高处坠落事故分为矿井外坠落事故及矿井内坠落事故。前者以地面为基准，有自高处坠落到地面和由地面坠落到坑（或沟）里两种情况；后者主要发生在矿井竖直（或急倾斜）巷道内，常见事故类型为坠入溜井、竖井以及竖直井巷施工时的坠落等。

（1）矿山高处坠落发生原因

1）注意力不集中，在上下梯子或平台上行走摔落。

2）违规操作，在高处作业不系安全带。

3）井口未设置防护栏。

（2）矿山高处坠落预防措施

根据矿山安全技术原则，矿山坠落伤害事故可以从三个方面进行防范：一是创造人员不会坠落的工作环境；二是对将要发生的坠落采取阻止的措施；三是在一旦发生坠落的情况下采取防止、减轻伤害的措施。

1）创造人员不会坠落的工作环境：

①消除或减少高差。使溜井、竖井底经常充满矿石，把溜井、坑洞加盖；缩小罐笼与井口边缘的间隙，设置可靠的稳罐装置等。

②在高度差超过 2 米的地方设置围栏、扶手等。例如，在溜井周围设置围栏，在竖井口设置安全门，罐笼安装罐笼门等。

③安设符合安全要求的梯子间，以保证人员通过竖井或人行井时的安全。

2）在坠落即将发生的场合，正确使用的安全带可以阻止人员坠落。

3）防止一旦坠落时人体受到伤害，可以采取缓冲措施吸收冲击能量。常用的缓冲措施有安全网、安全帽等。

32. 如何预防矿山爆破工伤事故？

爆破作业是一项高危作业，作业过程中可能会发生炸药爆炸和各类爆破事故，包括早爆、拒爆、迟爆、爆炸冲击波、爆破飞石伤人，爆破震动过大、哑炮处理不当等也极易造成安全事故。爆破事故在矿山井下开采中危害性极大，一般发生在采场、掘进工作面、二次破碎点，以及炸药库、炸药搬运过程中。

（1）爆破事故主要危害

1）爆炸伤、灼伤、炮烟中毒。

2）爆破产生的震动、冲击波、飞石对人员、设备设施、构筑物等有较大的伤害和损坏，易造成群死群伤。

3）大量炸药喷出，进入眼睛造成伤害。

（2）早爆产生原因及事故预防措施

早爆是指爆炸材料比预定起爆时间提前爆炸的现象。早爆事故发生的原因很多，如爆破器材质量不合格（如导火索燃速不准），杂散电流、静电感应、雷电、射频感应电等的存在以及高温或高硫矿区的炸药自燃起爆，以及误操作等。针对早爆事故的预防措施有：

1）采用电雷管起爆方式时，必须事先对爆区进行杂散电流测定，以掌握杂散电流的变化和分布规律。然后采取措施预防和消除杂散电流危害，在无法消除较大的杂散电流时采用非电起爆方式。

2）预防静电引起早爆事故的主要措施是采用半导体输药管，尽量减少静电产生并将可能产生的静电随时导入大地；采用抗静电雷管，用半导体塑料塞代替绝缘塞，裸露一根脚线使之与金属沟通。

3）在进行电起爆作业时，应考虑爆区附近有无射频感应电的干扰。射频感应电的功率、频率、波长不同，对电雷管或爆破网路的影响程度也不同。

4）预防雷电早爆事故的方法是雷雨天气禁止用电起爆方式，

应采用非电起爆方式；装药后，如遇雷雨天气，尽量缩短作业时间；采用雷电报警器预报雷击征兆；电爆网路附近的金属物预先拆除；爆区位于多雷雨地区，应设置避雷针系统或雷电消散塔。

（3）迟爆产生原因及事故预防措施

迟爆是指在预定爆炸时间之后发生的意外爆炸。迟爆事故时有发生，危害较大。爆破器材质量不合格是产生迟爆的主要原因。

预防迟爆事故的措施是保证爆破器材的生产或加工质量，使用前应认真检查。炮响后，按安全规程规定的时间和井下施行有效通风后才进入爆破地点。双路并联起爆系统可减少迟爆事故。

（4）拒爆产生原因及事故预防措施

通电起爆后，工作面的雷管全部或少数不爆称为拒爆。矿井爆破作业时，拒爆的产生主要受爆破器材、爆破工艺及操作技术等因素的影响，具体原因主要表现在雷管方面、起爆电源方面、电起爆网路方面。

针对以上拒爆产生的原因分析，可从以下几个方面预防拒爆的产生：

1）优选爆破材料。特别是应使用合格的电雷管，禁止不同厂家生产的不同品种和不同性能参数的电雷管掺混使用，禁止使用过期失效和变质的雷管和炸药，定期抽查检测雷管的起爆能力。

2）加强雷管检测。雷管在出库发放前，必须使用专用的电雷管检测仪逐个进行电阻检查，并且按照电雷管电阻值的大小编组，将阻值一样或相近（电阻值相差在 0.2 欧以内）的编在同一个电起爆网路中，禁止将电阻值相差过大的电雷管混用。

3）正确地选用发炮器。煤矿井下爆破作业必须选用防爆型的发炮器，其额定功率必须满足一次放炮总个数的要求，考虑到环境条件和连线质量，一般情况下起爆雷管的数目以不超过额定值的 80% 为佳。同时，对发炮器强化实行统一管理，做到统一收发，统一检测维修，定期更换电池，保持完好的工作状态，使其安全可靠。

4）进行爆破网路准爆电流的计算，注重电起爆网路的连接质量。电起爆网路的连接要符合设计要求，防止错连和漏连；接头要拧紧接实，保持清洁，防止受油污和泥浆污染而使其电阻增大；储存时间较长的雷管需要刮去线头的氧化物、绝缘物，露出金属光泽；各裸露接头彼此应相间隔足够距离并且不能触地；潮湿或有水时，应用防水胶布包裹；放炮母线要有较大的抗拉强度和耐压性能，电阻值要小（长距离并联起爆时要用大直径电缆以减少线耗）。每次放炮前，放炮员都必须用电雷管检测仪对电起爆网路进行电阻检查，实测的总电阻值与计算值之差应小于计算值的10%。检查确认无误后，方可放炮。

（5）盲爆和残药产生原因及事故预防措施

盲爆又称"瞎炮"，是指由于雷管瞎火而拒爆的炮孔或药室；残药指雷管已爆炸而炸药未起爆或传爆不完全的炮孔或药室。爆破中发生的盲爆如未及时发现或处理不当，潜在危险极大，会因误触盲爆、打残眼或摩擦震动等引起盲爆或残药爆炸，以致发生人员伤亡事故。盲爆产生原因有火雷管拒爆，电力起爆、导爆索起爆、导爆管起爆系统拒爆。残药产生的主要原因是：起爆雷管威力不足，起爆不了炸药；炸药质量差，爆轰感度低；药包直径小于临界直径；药包的传爆受径向间隙的影响太大；孔中有水使炸药受潮；装填过程中将炸药过于捣实；炮孔布置不合理或响爆顺序错误等。

预防盲爆和残药措施主要有以下几个方面：

1）对爆破器材要妥善保管、严格检验，防止使用技术性能不符合要求的爆破器材，对不同燃速的导火索应分批使用。

2）提高爆破设计质量，设计内容应包括炮孔布置、起爆方式、延期时间、网路敷设、起爆电流、网路检测等。对于重要的爆破，必要时应进行网路模拟试验。

3）改善爆破操作技术，保证施工质量。火雷管起爆要保证导火索与雷管紧密连接，雷管与药包不能脱离；电力起爆要防止漏接、接错和折断脚线，并经常检查开关、插销和线路接头是否处于良好状态。

4）在有水的工作面或水下爆破时，应采取可靠的防水措施，避免爆破器材受潮，或采用防水炸药。应对起爆器材进行深水防水试验，并在连接部位采取绝缘措施。

33. 如何预防矿山触电工伤事故？

矿山井下作业环境狭小、潮湿，容易发生触电事故。井下大部分触电事故为单相触电，是指人体某一部分接触了带电物体，导致电流经过人体。触电事故多发于井下生产过程中使用的各种电气拖动设备、移动电气设备、手动电动工具、手持金属物件、照明线路与照明器具等。触电造成的人体伤害分为电击与电伤两类，触电导致人员死亡事故多为电击所致，电伤常发生在人体的外部，如电弧的灼伤、电流通过人体的局部受伤等。

（1）触电工伤事故的原因

1）矿山职工粗心大意、违章作业、违反安全操作规程。

2）带电作业安全措施不落实或监护不力。

3）送电开关无标识，元器件带电部位裸露，电气设备的外壳破损、外壳接地不良。

4）没有采用安全电压或降压变压器不符合要求。

5）设备本身破损漏电、接线错误。

6）乱接乱拉电线，布线混乱、管理不善，超负荷运行电气设备，野蛮施工、强行用电。

7）设备线路陈旧、保护装置不完善。

（2）预防矿山触电工伤事故的主要措施

1）加强电缆巡查、定期检测。

2）对有缺陷的电动设备拒绝安装。

3）非专业电工不得安装电气设备。

4）加强手持电器等移动电气设备的管理、保养，系统安装漏电保护装置。

5）严格管理临时性用电，禁止乱接乱拉。

6）穿戴好绝缘防护用品，做好个体防护。

34. 如何预防矿山坍塌工伤事故？

坍塌是指在外力或重力作用下，超过自身的强度极限或因结构稳定性遭到破坏而造成的事故。坍塌事故是在矿山井下开采中常发生的事故，主要场所在采场悬空处，主要发生在凿岩、支护作业过程中。坍塌伤害事故危害主要是采场悬空处矿石在外力或重力作用下突然垮塌或坍塌，后果是砸伤、埋压作业人员，容易造成伤亡事故。

（1）井下矿山坍塌事故的主要原因

1）采矿作业人员思想麻痹，凭经验在采场上方悬空时作业未采取安全可靠的防范措施。

2）采矿作业人员安全意识不强，安全自保、互保能力差。

3）采矿作业人员未按规定操作，未按正规采矿顺序推进。

（2）预防矿山坍塌工伤事故的主要措施

1）处理悬空必须先设支柱、搭好平台，系好安全绳，站在平台上按安全操作规程处理，严禁违章作业。

2）加强职工的安全教育和培训，提高安全意识和安全自保、互保能力。

3）严格执行采场开采顺序。

4）现场值班管理人员必须在现场督促安全措施落实到位。

35. 如何预防矿井提升工伤事故？

井下提升运输过程中存在的主要事故危害有松绳、断绳、跑车、过卷、坠车、坠罐等，常发生在竖井、斜井提升运输作业中。一旦发生矿井提升事故，危害特别大，可能造成严重停产、设备损坏、高处坠落和物体打击，使作业人员受伤甚至死亡。

（1）矿井提升工伤事故的原因

1）提升司机或信号工注意力不集中。

2）钢丝绳强度不够或负荷超限而断裂。

3）连接装置断裂。

4）制动装置失灵。

5）安全保护装置失效。

（2）预防矿井提升工伤事故的主要措施

1）司机与信号工要注意力集中，规范操作，加强责任心。

2）钢丝绳、连接装置、提升绞车、提升容器以及保险链必须有足够的安全系数。

3）提升容器与井壁、罐道梁之间及两个提升容器之间必须有足够的间隙。

4）提升绞车和提升容器要有可靠的安全保护装置。

5）电机车、架线、轨道的选型应能满足安全要求。

6）运送人员的机械设备要有可靠的安全保护装置。

7）提升运输设备要有灵敏可靠的信号装置。

8）提升系统必须要有能独立操控的工作制动和安全制动两套制动系统。

36. 如何预防矿山瓦斯和煤尘爆炸工伤事故?

（1）瓦斯和煤尘爆炸产生的原因

瓦斯爆炸是指瓦斯和空气混合后，在一定的条件下，遇高温热源发生的链式氧化反应，并伴有高温及压力（压强）上升的现象。瓦斯爆炸必须同时具备三个条件:

1）瓦斯浓度在爆炸范围内。

2）高于最低点燃能量的热源存在的时间大于瓦斯的引火感应期。

3）瓦斯与空气混合气体中的氧气体积分数之差大于12%。

其中第三个条件在生产井巷中是始终具备的，所以预防瓦斯爆炸的措施，就是防止瓦斯的积聚和杜绝或限制高温热源的出现。在任何地点，如电气设备附近、放炮地点、火区周围、产生摩擦火花以及可能出现烟火的地点等，当瓦斯达到爆炸浓度时，遇火源都会引起爆炸。但瓦斯爆炸大部分发生在瓦斯煤层采掘工作面附近，其中又多发生在掘进工作面。

煤尘爆炸是煤尘被剧烈氧化的结果，必须同时具备三个条件:

1）煤尘本身具有爆炸性。

2）煤尘必须悬浮于空气中，并达到一定的浓度。

3）存在能引燃煤尘爆炸的高温热源。煤尘爆炸原因可归结为两个方面，即煤尘的氧化面积增大和可燃气体的作用。

（2）预防矿山瓦斯和煤尘爆炸工伤事故的主要措施

1）要爱护监测监控设备。不能擅自调高监测探头的报警值，不能破坏瓦斯监测探头或用泥巴、煤粉及其他物品将瓦斯监测探头封堵。

2）要自觉爱护井下通风设施。通过风门时，要立即随手关好，不能将两道风门同时打开，以免造成风流短路。发现通风设施破损、工作不正常或风量不足时，要及时报告，由专业人员修复处理。

3）局部通风机应由专人负责管理，其他人不可随意停开。

4）当采区回风巷、采掘工作面回风巷风流中的瓦斯体积分数超过 1% 或二氧化碳体积分数超过 1.5% 时，必须停止作业，从超限区域撤出。当采掘工作面及其他作业地点风流中、电动机或其开关安设地点附近 20 米以内风流中的瓦斯体积分数达到 1.5% 时，必须停止作业，从超限区域撤出。

5）井下不能随意拆开、敲打、撞击矿灯，不准带电检修、搬迁电气设备，更不能使用明刀闸开关。

6）井下禁止吸烟和使用火柴、打火机等点火物品。

7）爆破作业必须严格执行"一炮三检"制度（装药前、放炮前、放炮后检查瓦斯浓度），爆破地点附近 20 米以内风流中的瓦斯体积分数达到 1% 时，严禁装药、爆破；井下爆破作业必须使用专用起爆器，严禁使用明火、明刀闸开关、明插座爆破；炮眼必须按规定封足炮泥，使用水炮泥，严禁使用煤粉或其他易燃物品封堵炮眼，无封泥或封泥不足时严禁爆破。

8）观察到有煤与瓦斯突出的征兆时，要立即停止作业，从作业地点撤出，并报告有关部门。

9）要认真实施煤层注水、湿式打眼、使用水炮泥、喷雾洒水、冲洗巷帮等综合防尘措施。在井下工作时要爱护防尘设备设施，不可随意拆卸、损坏。

 知识学习

事故无声征兆：工作面顶板压力增大，煤壁被挤出、片帮掉渣、顶板下沉或底板鼓起，煤层层理紊乱、煤暗淡无光泽、煤质变软、煤壁发亮，工作面风流中的瓦斯浓度忽大忽小，打钻时有顶钻、卡钻、喷瓦斯等现象。

事故有声征兆：煤层发出劈裂声、闷雷声、机枪声、响煤炮，声音由远到近、由小到大，有短暂的、有连续的，间隔时间长短不一；煤壁发生震动或冲击，顶板来压，支架发出折裂声。

 血的教训

某日6时，某煤矿调度与通风队调度联系排放二区K7210准备工作面切眼瓦斯，并由通风队队长安排了8点班排放瓦斯。但调度人员在联系排放瓦斯后没有通知其他队组，准备队仍然安排3人在回风巷接127伏信号线，掘进队安排9人在13横贯处清浮煤，补打锚索锚杆。此外，还有生产科1名技术人员跟班现场协调，矿安监处1名安监工督察在13横贯丁字口补打锚杆工作。结果，就在通风队排放瓦斯过程中，准备队电工在回风巷违章带电倒接127伏信号线引起火花，造成瓦斯爆炸事故，导致28人死亡。

37. 如何预防矿井水灾工伤事故？

采矿过程中，一方面揭露破坏了含水层、隔水层和导水断层，另一方面引起围岩岩层移动和地表塌陷，从而产生地下水或地表水向井筒或巷道涌水的现象，称为矿井涌水。当矿井涌水量超过矿井正常的排水能力时，就将发生水灾。形成矿井水灾的基本条件是有充分水源和充水通道。矿井水灾会造成淹溺伤亡事故。

（1）矿井水灾发生的原因

1）地面防洪、防水措施不周密，或措施执行不认真，暴雨山洪冲破了防洪工程，致使地面水灌入井下。

2）水文地质条件不清。井巷接近老空区，对于含水断层、陷落柱、强含水层，未事先探放水而盲目施工，造成突水淹井或伤亡事故。

3）井巷位置设计不合理，接近强含水层等水源，施工后在矿山压力和水压共同作用下，发生顶极、底板透水。

4）乱采乱掘，破坏了防水煤柱、岩柱；或者施工质量低劣，平巷掘进腰线忽高忽低，造成顶板塌落；掘通了强含水层透水。

5）积水巷道位置测量错误或资料遗漏、不准，新掘巷道掘通了老巷道，或巷道掘进的方向与探水钻孔的方向偏离，超出了钻孔控制范围，就可能掘透积水区。

6）井下未构筑防水闸门，或虽有防水闸门但未及时关闭，在矿井发生透水的情况下，不能起到堵截水的作用。

7）矿井排水能力低。井下水泵房的排水能力在正常排水时都能力有余，但在矿井突水时，涌水量大大超过排水能力，而且持续时间长，采取临时措施也无法补救，导致矿井被淹没。

8）小煤矿边界不清。有的小矿越界开采，与大矿掘通，小矿突水会造成大矿被淹。

（2）常见的矿山水灾危害

1）在江、河、湖、海、水库下进行水体下采煤时，因雨季洪水暴发，水位高出拦洪堤坝或冲毁井口围堤时，水直接由井口灌入矿井。

2）井筒在冲积层或强含水层中开凿时，如果事先不进行处理，就会涌水，特别是沙砾层，水和沙会一齐涌出，严重的会造成井壁坍塌、沉陷、井架偏斜，使掘进无法继续进行。

3）在顶板破碎的煤层中掘进，因放炮或支护不好发生冒顶；采煤工作面上防水岩柱尺寸不够，当冒落高度和导水裂缝与河、湖等地表水或强含水层沟通后，会造成透水。

4）巷道掘进时与断层另一强含水层沟通时，就会造成突水。断层带岩石破碎时，若破碎面或石灰岩裂隙溶岩发育程度较强，突水威胁则更大。

5）由于隔水岩柱高压强度抵抗不住静水压力和矿压的共同作用，巷道掘进后经过一段时间的变形，底板鼓起，承压水突然涌出造成事故。

6）石灰岩溶洞塌落形成的陷落柱内部岩石破坏、胶结不良，往往构成岩溶水的垂直通道，当巷道与它掘通时，会引起几个含水层的水同时大量涌入，造成淹井。

7）地质勘探时留下的钻孔，如果封孔不好，就成为各水体之间的垂直联系通道。当巷道或采煤面与这些钻孔相遇时，地表水或地下水就会经钻孔进入矿井，造成强烈涌水。

8）采煤工作面或巷道遇到老空或旧巷道的积水区时，会在极短的时间内涌出大量的水，破坏性也很大。

（3）预防矿井水灾工伤事故的主要措施

矿井下的地质水文条件复杂，在还无法确保疑问地区没有水害威胁的情况下，只有坚持"有疑必探，先探后掘"的方针，才能确保安全生产。

1）在井下生产过程中，遇到下面任何一种情况时，都必须探水前进：

①接近被淹井巷或小煤窑、老空区。

②接近溶洞、含水断层、含水层（流沙层、冲积层、各种承压含水层）或接近积水区。

③上层有积水，在下层进行采掘活动，而两层之间的距离小，不能满足安全厚度的要求。

④探水地区内掘进，一次掘进长度达到了允许掘进的长度，再向前掘进时，仍需要先探水再掘进，即边探边掘。

⑤采掘工作面发现出水征兆。

⑥突然发现断层，对另一层的水文地质情况又不清楚。

⑦需要打开隔离煤柱放水。

⑧接近有出水可能的钻孔。

⑨采掘工作面接近各类防水煤柱线，为确保煤柱尺寸，要提前探明情况。

⑩在强含水层之上，工作面进行带压开采，对强含水层的水压、水量、裂隙等情况不清楚，对隔水层厚度变化情况没有把握，则需对含水层进行打钻，系统了解含水层和隔水层情况。

2）探水或接近积水地区掘进前或排放被淹井巷积水前，必须进行探放水设计，探放水设计应包括探水地区的水文地质情况、探水巷道布置、施工先后次序、探水孔的布置、对探孔的要求，以及安排必要的排水设施并采取防止瓦斯和其他有害气体危害等安全措施。

3）探水作业安全注意事项。探水作业的好坏，不仅直接关系探水作业人员的安全，而且影响探水周围地区甚至整个矿井的安全。所以生产过程中要特别注意以下事项：

①探水工作面要加强支护，防止高压水冲垮煤壁和巷道支架。

②事先检查并维护好排水设备，清挖水沟和水仓，以便在出水时，水仓可起到缓冲作用。

③在探水工作面附近要设专用电话，遇有水情可以及时报告矿井调度室。

④探水工作面要经常检查瓦斯，发现瓦斯超过 1% 时，必须停电撤人，加强通风。

⑤在水压较大的地点探水时，应预先开掘安全躲避硐，规定好联络信号及人员的避灾路线。

⑥对水压大的探水眼要安套管、装水阀，以便于以后调节放水量。在危险地区探水，应采用防压、防喷装置钻进，防止钻杆被高压水冲出。

⑦打钻时钻孔中水压、水量突然增大，以及出现顶钻等异常情况时，不要移动和拔出钻杆，应马上将钻杆固定。应时刻监视水情，及时报告矿井调度室，不得擅自放水。如果情况危急时，要立即撤出受水害威胁地区的所有人员，然后采取措施进行处理。

⑧探水钻机后面和前面给进手把活动范围内不得站人，以防止高压水将钻杆顶出伤人，或者手把翻转打人。

（4）其他重要预防措施

1）在接近积水地区，掘进时只依靠探水钻孔一个方面来保证安全还不够，还必须采取以下防水措施：

①探水巷道的断面不宜过大，以缩小受压面积。同时应有两个安全出口，用于通风、排水和意外情况下人员撤退，必要时还应开掘安全躲避硐室。

②掘进工作面遇到透水征兆时，必须停止掘进，加固支架后，将人员撤到安全地点，并向矿井调度室汇报。

③在确保探水超前距的前提下，掘进时应采取多打眼、少装药、放小炮的方法，以减少围岩震裂破坏。探水地区平巷不能有低洼处，以防止积水。

④严格执行"三不装炮"制度：

a.炮眼或掘进头有出水征兆时不装炮。

b. 探水超前距不够或偏离探水方向时不装炮。

c. 掘进支架不牢固或空顶超出规定时不装炮。

⑤掘进打眼洞钻杆向外流水时，应停止工作，不准拔出，也不准晃动钻杆，要设法固定住钻杆，向矿井调度室汇报后，等候处理。

⑥在受水威胁地区施工的所有人员，都必须熟悉避灾路线，懂得突水后的急救知识。

⑦探水巷道必须严格按探水孔中心线掘进。因地质变化需偏离时，应进行补充钻探，避免因超前距、帮距和探水距缩小而透水。

⑧老空区放水后允许修复掘进时，还必须充分注意：在离老空区 3~5 米处，应先用煤电钻打 2~3 个检查孔进行再一次检查，只有证实积水确已放净后，方可与老空区掘透。但要注意先用小断面从放水孔上方与老空区钻透，由通风救护人员监测瓦斯、硫化氢等有毒气体，等有毒气体降到允许值以下时，才可全断面扩大，直至达到质量标准。

2）疏放降压

①对威胁开采的较弱含水层，位于煤层的顶板或底板中，采用钻孔的方法使其疏干或降压。对以静储量为主的强含水层，也可以采用疏放降压。

②疏放水应有专门的疏放水设计方案，安全措施有下列几点：

a. 放水时要派专人看守，随时向矿调度室汇报水流的变化。

b. 要填写专门记录，认真进行交接班。

c. 在放水区附近交通要道要安装专用信号。

d. 遇紧急情况，要马上发出警报，撤出所有受水灾威胁地点的人员。

3）防患于未然

①矿井水文地质条件复杂，水量大、水压高。只有认真做好工作，才能做到安全生产。反之，即使水文地质条件简单，失去对水害威胁的警惕性，思想麻痹，很小的水量也可以造成恶性事故。

②加强矿井水文地质观测工作，收集整理好资料并落实到图纸上。对矿区范围内小煤窑和报废煤窑的开采、积水情况要查清填图，并预先采取周密的防治措施。

③对井田内与江、河、湖、海、溶洞、含水层有水系联系的断层、陷落柱、冲积层、含水钻孔等，在设计采区时，必须按规定留足防水煤柱。对井田之间的隔离煤柱也要留足，不能随意采动。

④有水患危险的矿井，必须建筑防水闸门和防水闸墙。

⑤要有足够的安全隔水层。在顶板或底板有强承压含水层时，要留足隔水层，如不能满足，就应该疏放降压。

第4章
矿山职工安全行为
规范

38. 矿山职工班前会安全行为规范包括哪些？

矿山职工班前会是以班组为单位，在工作现场上岗前预先熟悉工作环境、设备状况、人员情况，传达上级指示，布置工作任务，其安全作用明显、效果好。

（1）班前会的主要作用

1）班前会是安全生产的第一道程序，是矿山安全生产制度建设的重要环节。

2）班前会可以进行矿山职工的安全教育和培训，对矿山职工做好当班安全生产、防止事故发生具有重要作用。

3）班前会为矿山职工现场提供了安全知识学习和交流的平台，帮助矿山职工掌握安全知识，增强安全意识，提高安全技能。

4）矿山职工通过班前会能及时领会上级传达的任务和精神，提前了解现场实际情况，避免工作的盲目性，保障现场的安全生产。

（2）职工参加班前会，必须遵守的基本安全行为规范

1）做好工作准备，保持充沛的体力和良好的工作状态。

2）调整好个人的心理和情绪，充分做好全身心投入工作中的思想准备，避免不安全心理。

3）准时参加，不迟到。遵守现场秩序，不准起哄吵闹，不准大声喧哗，不准中途离开。

4）服从上级安排，明确自己的工作任务及工作岗位要求。

5）认真听取当班安全注意事项，牢记安全操作规程和应急措施。

6）明确岗位安全职责和相关安全规章制度，了解互保对象。

7）进行安全确认。

39. 矿山职工出入井安全行为规范包括哪些？

出入井过程中，矿山职工必须遵守相关出入井安全行为规范，最大限度地保证自己和他人的人身安全。出入井应遵守的安全行为规范有：

（1）进入井口时，必须携带下井定位识别卡，做好下井登记。

（2）严禁搭乘运矿拖拉机、矿斗。

（3）上下斜井时，必须做到"行人不行车，行车不行人"。

（4）出井时及时登记，并交回下井牌。

40. 矿山职工井下乘车与行走安全行为规范包括哪些?

（1）上下井乘罐、乘车、乘皮带要听从指挥，不能嬉戏打闹、抢上抢下。

（2）要按照定员乘罐、乘车，并关好罐笼门、车门，挂好防护链。不能在机车上或两车厢之间搭乘。

（3）客货混载十分危险，不要乘坐已装有物料的罐笼、矿车和皮带。

（4）开车信号已发出和罐笼、人车没有停稳时，严禁上下。

（5）运送火工品时，要听从管理人员安排，千万不能与上下班人员同时乘罐、乘车。

（6）乘罐、乘车、乘皮带行驶途中，不能在罐内、车内躺卧和睡觉，不能将头、手、脚和携带的工具伸到罐笼和车辆外面；也不能在皮带上仰卧、打瞌睡和站立、行走，不能用手扶皮带侧帮。

（7）乘坐"猴车"（无级绳绞车）时，不许触摸绳轮，做到稳上、稳下。

（8）在巷道中行走时，要走人行道，不能在轨道中间行走，不随意横穿电机车轨道、绞车道。携带长件工具时，要注意避免碰伤他人和触及架空线。当车辆接近时，要立即进入躲避硐室暂避。

（9）在横穿大巷，通过弯道、交叉口时，要做到"一停、二看、三通过"；任何人都不能从立井和斜井的井底穿过；在兼作行人的斜巷内行走时，按照"行人不行车，行车不行人"的规定，不要与车辆同行。

（10）钉有栅栏和挂有危险警告牌的地点十分危险，不能擅自进入；爆破作业经常伤人，不可强行通过爆破警戒线，进入爆破警戒区。

（11）严禁扒车、跳车和乘坐矿车，严禁在刮板输送机上行走；在带式输送机巷道中，不能钻过或跨越输送带。

41. 矿山职工安全操作行为规范包括哪些？

安全操作行为是作业操作动作、操作顺序、操作方法的总称，是矿山职工生产行为的主要表现，是矿山生产过程的基本表现形式。矿山职工规范操作、按章操作，是消除事故隐患、保障矿山安全生产的关键。

矿山职工在作业中必须要遵守以下安全操作行为规范：

（1）贯彻"安全第一、预防为主、综合治理"的安全生产方针，自觉、严格遵守安全操作规程、劳动纪律和生产规章制度。

（2）特种作业岗位必须持证上岗。

（3）严格进行班前、班中、班后安全确认。

（4）了解并能正确使用机械设备，熟悉机械设备和各种工器具的性能和安全操作规程。

（5）拒绝违章指挥，杜绝冒险作业。

（6）识别作业风险要做到"三明确"，即明确危险作业、明确危险区域、明确危险人群。

（7）安全防护要做到"四不伤害"，即不伤害自己、不伤害他人、不被他人伤害、保护他人不被伤害。

（8）安全操作要做到"五禁止"，即严禁违章作业（必须严格遵守岗位安全操作规程）；严禁私自打开密闭空间，进入盲巷、老采区、废弃巷；严禁迟报、瞒报隐患和事故信息；严禁毁坏主要通风设施；严禁脱岗或在生产作业场所睡觉。

42. 矿山职工交接班安全行为规范包括哪些？

交接班是生产作业能够平稳持续进行，工作任务明确交接的过程，是确保人员、设备安全运行的重要保证。矿山职工交接班要遵守以下安全行为规范：

（1）交接班要严格按照规定的时间进行，不能随意变动。

（2）应在现场进行交接班。

（3）交班职工在交班前应做好本班的扫尾清洁工作，工具、物品放在指定的位置。

（4）交班职工要详细介绍当班的生产、设备、安全情况及安全注意事项。

（5）接班职工严格检查上一班的生产设备、场地和下一班安全生产需注意的问题。

（6）接班职工要认真询问上一班的运行情况、安全情况及遗留安全问题，对工作环境做到心中有数。接班时要进行安全确认。

（7）交接班时，上一班发生的事故如未处理完，交班职工要协助下一班职工处理完毕，方可下班，做到坚决不交事故班。

43. 矿山职工工余安全行为规范包括哪些?

矿山职工在非工作区和工余时间，同样要遵守一定的安全行为规范，注意自身安全与健康。矿山职工工余安全行为规范主要包括：

（1）应时刻牢固树立安全第一的思想，增强工余时间的安全意识。

（2）上下班途中严格遵守交通法规，确保自身安全，防止意外事故发生。

（3）工余需要进行充分休息，保持良好生理、心理健康。

（4）生活上要注意用电与用火安全，严禁私自乱接电源电线。

（5）可参与有利身心健康的娱乐活动，维持良好的职业心理健康状态。

第5章
矿山常见机械设备
安全使用

44. 如何安全操作挖掘机？

（1）单斗挖掘机的作业和行走场地应平整坚实，松软地面应垫以枕木或垫板，沼泽地区应先做路基处理，或更换湿地专用履带板。

（2）履带式挖掘机的驱动轮应置于作业面的后方。

（3）平整场地作业时，不得用铲斗进行横扫或用铲斗对地面进行夯实。

（4）挖掘岩石时，应先进行爆破。挖掘冻土时，应采用破冰锤或爆破法使冻土层破碎。

（5）挖掘机正铲作业时，除松散土壤外，其最大开挖高度和深度不应超过机械本身性能规定。在拉铲或反铲作业时，履带距工作面边缘距离应大于1米。

（6）作业前重点检查项目应符合下列要求：

1）照明、信号及报警装置等齐全有效。

2）燃油、润滑油、液压油符合标准。

3）各铰接部分连接可靠。

4）液压系统无泄漏现象。

（7）启动前，应将主离合器分离，各操纵杆放在空挡位置，并按照内燃机安全操作规程启动内燃机。

（8）启动后，接合动力输出，应先使液压系统从低速到高速空载循环10~20分钟，确认无空吸等不正常噪声，工作有效。检查各仪表指示值，待运转正常再接合主离合器进行空载运转，顺序操作各工作机构并测试各制动器，确认正常后，方可作业。

（9）作业时，挖掘机制动行走机构应保持水平，并将履带揿紧。

（10）遇较大的坚硬石块或障碍物时，应待清除后方可开挖，不得用铲斗破碎石块、冻土，或用单边斗齿硬啃。

（11）挖掘悬壁时，应做好防护措施。作业面不得留有伞沿及松动的大石块，当发现有坍塌危险时，应立即处理或将挖掘机撤离至安全地带。

（12）作业时，应待机身停稳后再挖土，当铲斗未离开工作面时，不得做回转、行走等动作。回转制动时，应使用回转制动器，不得用转向离合器反转制动。

（13）作业时，各操纵过程应平稳，不宜紧急制动。铲斗升降不得过猛，下降时，不得撞碰车架或履带。

（14）斗臂在抬高或回转时，不得碰到洞壁、沟槽侧面或其他物体。

（15）向运土车辆装车时，宜降低挖铲斗，减小卸落高度，不得偏装或砸坏车厢。在汽车未停稳或铲斗需越过驾驶室但操作人员未离开前，不得装车。

（16）作业过程中，当液压缸伸缩将达到极限位置时，应动作平稳，不得冲撞极限块。

（17）作业中，当需要制动时，应将变速阀置于低速挡位置。

（18）作业中，当发现挖掘力突然变化时应停机检查，严禁在未查明原因前擅自调整分配阀压力。

（19）作业中不得打开压力表开关，且不得将工况选择阀的操纵手柄放在高速挡位置。

（20）反铲作业时，斗臂应停稳后再挖土。挖土时，斗柄伸出不宜过长，提斗不得过猛。

（21）作业中，履带式挖掘机做短距离行走时，主动轮应在后面，斗臂应在正前方与履带平行，制动住回转机构，铲斗应离地面 1 米左右。上下坡道不得超过机械本身允许最大坡度，下坡应慢速行驶。不得在坡道上变速和空挡滑行。

（22）当在坡道上行走且发动机熄火时，应立即制动并揳住履带，待重新发动后，方可继续行走。

（23）作业后，挖掘机不得停放在高边坡附近和填方区，应停放在坚实、平坦、安全的地带，将铲斗收回平放在地面上，所有操纵杆置于中位，关闭操纵室和机棚。

（24）履带式挖掘机转移工地应采用平板拖车装运。短距离自行转移时，应低速缓行，每行走 500~1 000 米应对行走机构进行检查和润滑。

（25）保养或检修挖掘机时，除检查发动机运行状态外，必须将发动机熄火，并将液压系统卸载，铲斗落地。

（26）利用铲斗将底盘顶起进行检查时，应用垫木垫稳，然后将液压系统卸载，否则严禁进入底盘下工作。

45. 如何安全操作装载机？

（1）装载机驾驶员必须经过专业培训，考核合格，持证上岗。严禁酒后驾驶操作。

（2）上岗应正确穿戴好合格的劳动防护用品。

（3）每班开机前应严格点检传动、制动、照明系统。刹车、方向盘、喇叭、照明灯、液压系统等装置应灵敏、可靠。

（4）起步前和运行中，应对工作场地及行驶路面做充分的检查评估。观察四周是否有人，尤其是倒车时更应加强观察，同时应观察装载机上是否有其他物品，围栏、安全防护装置是否齐全完好。对作业场所的视线、地形地势、立体交叉作业等进行确认，确保周围无隐患、宽敞无障碍、视线良好，场地应能满足安全运行。确认安全后，应低速、平稳起步。

（5）作业时应选择适宜的作业路线，应能保证车辆无下陷、倾覆等危险。在作业过程中，操作人员必须经常对设备和作业场所存在的不利于作业安全的因素进行辨识和确认。

（6）作业面不能太滑或过于泥泞，推运或倒运的料堆不能高于 5 米。禁止装载机挖掘高于 5 米以上的危险工作场所。

（7）在能见度较低的场所作业，必须保证视线良好或有专人指挥。

（8）作业场所存在立体交叉作业时要错时作业或有专人指挥。

（9）夜间作业时，现场应有良好的照明。

（10）装载机在作业时，严禁人员上下。运行中装载机驾驶室外的其他部位禁止有人。

（11）装载机下坡行驶时，不得将发动机熄火滑行。

（12）装载机铲运物料时，严禁超载。铲斗离地面约 400 毫米推铲物料时，严禁单桥受力。

（13）装载物料时，应选择平整地面，严禁陡坡、斜坡装车，装车时严禁铲斗在卡车驾驶室顶通过。

（14）对装载机进行保养、检修时，一定要装折腰固定杆，作业时动臂、铲斗下面禁止有人停留。

（15）停放装载机时，应选择平坦、安全的地面，如需要停放在坡道上时，应把车轮垫牢，并提上手刹制动，铲斗平放地面，并向下施加压力。

（16）对装载机进行保养检修时，必须安排两人以上配合作业。

（17）遵守道路交通安全法规。

46. 如何安全操作推土机？

（1）推土机的操作应遵守一般机械设备安全技术要求的有关规定。

（2）绞盘式推土机钢丝绳应符合起重机械的一般安全技术要求。

（3）推土机使用前的准备工作，应参照挖掘机使用前的准备工作办理。

（4）推土机工作中，应注意以下安全事项：

1）发动机启动后，严禁有人站在履带上或推土刀支架上。

2）推土机工作前，工作区内如有大块石块或其他障碍物，应予以清除。

3）推土机工作应平稳，吃土不可太深，推土刀起落不要太猛。推土刀距地面距离一般以 0.4 米为宜，不要提得太高。

4）推土机通过桥梁、堤坝、涵洞时，应事先了解其承载能力，并以低速平稳通过。

5）推土机在坡道上行驶时，其上坡坡度不得超过 25°，下坡坡度不得大于 35°，横向坡度不得大于 10°。在陡坡上（25°以上）严禁横向行驶，纵向在陡坡上行驶时不得做急转弯动作。上下坡应用低速挡行驶，并不许换挡。下坡时严禁空挡滑行。

6）在上坡途中，若发动机突然熄火，应立即将推土刀放到地面，踏下并锁住制动踏板。待推土机停稳后，再将主离合器脱开，把变速杆放到空挡位置，用三角木块将履带或轮胎楔死，然后重新启动发动机。

7）推土机在 25°以上坡度上进行推土时，应先进行填挖，待推土机能保持本身平衡后，方可开始工作。

8）填沟或驶近边坡时，禁止推土刀越出边坡的边缘，并换好倒车挡后，方可提升推土刀进行倒车。

9）在深沟、陡坡地区作业时，应有专人指挥。

10）推土机在基坑或深沟内作业时，应有专人指挥。基坑与深沟一般不得超过 2 米，若超过时，应放出安全边坡。同时，禁止用推土刀侧面推土。

11）推土机推树时，应注意高空杂物和树干的倒向。

12）推土机推围墙或屋顶时，用大型推土机则墙高不得超过 2.5 米，用中、小型推土机则墙高不得超过 1.5 米。

13）在电线杆附近推土时，应保持一定的土堆。土堆大小可根据电线杆的结构、掩埋深度和土质情况，由施工人员确定。土堆半径一般不应小于 3 米。

14）施工现场若有爆破工程，爆破前，推土机应开到安全地带。爆破后，司机应亲自到现场察看，认为符合安全操作条件后，方可将推土机开入施工现场。若认为有危险时，司机有权拒绝进入危险地段，并及时请示上级。

15）数台推土机共同在一个工地作业时，相邻两台的前后距离不得小于 8 米，左右距离不得小于 1.5 米。

16）推土机在有负荷情况下，禁止急转弯。履带式推土机在高速行驶时，应禁止急转弯，以免履带脱落或损坏行走机构。

17）工作时间内，司机不得随意离开工作岗位。

18）推土机在工作时，严禁进行维修、保养，并禁止人员上下。

19）夜间施工，工作场所应有良好的照明。

20）在雨天泥泞土地上，推土机不得进行推土作业。推土机工作后，应将外部灰尘、泥土、污物冲洗擦拭干净，按例行保养对机械进行检查、保养、调整、润滑、紧固。保养后，将机械开到平坦、安全的地方，推土刀落地，关闭发动机，锁闭驾驶室门窗后，方可离开。

21）推土机不准做长距离走行，其走行距离，一般不应超过 1.5 千米。

22）推土机不得当吊车、绞盘和地垃使用。

23）推土机不得用于搅拌白灰、推白灰（烟灰）及压石方等工作。

47. 如何安全操作圆锥破碎机?

（1）开车前的准备工作

1）认真检查破碎机的主要零部件如颚板、轴承、连杆、推力板、拉杆弹簧、皮带轮及三角皮带等是否完好，紧固螺栓等连接件是否松动，保护装置如皮带盘、飞轮外罩等是否完整，与运动部件是否有相碰的障碍物。

2）检查辅助设备如皮带机、提升机、电气仪表及信号等设备是否完好。

3）检查破碎机中有无物料，若在破碎腔中有大块物料，则必须取出后才能启动。

（2）启动和运转中的操作注意事项

1）开车顺序：启动回料皮带机，启动滚筒输送机，启动上部皮带机，启动提升机，启动二级破碎机，启动下部皮带机，启动圆锥破碎机。

2）启动二级破碎机等待 20 秒后，待设备运转方可启动圆锥破碎机，在正常运转中，也要注意电流不能长时间超过额定值。

3）要严防铲牙、废铁等金属物进入破碎机，以免损坏机器。

4）当电气设备自动跳闸后，若原因不明，严禁强行连续启动。

5）在巡回检查中发现机器声音不正常，必须停车处理故障时，应立即停止喂料，待破碎机腔中的物料全部处理完后，再停止主电机，切断电源后处理。

（3）停车注意事项

1）停车顺序：停止喂料，待物料全部破碎完后再停破碎机，停下部皮带机，停二级破碎机，停提升机，停上部皮带机，停滚筒输送机，停回料皮带机。

2）在停破碎机之前将设备卫生和周边环境清理干净，破碎机腔内不准存料，以免给下次启动造成困难。

48. 如何安全操作空气压缩机？

（1）运转前检查事项

1）检查各部分螺栓或螺母有无松动现象。

2）皮带的松紧是否适度。

3）管路是否正常。

4）润滑油面是否适当。

5）电线及电器开关是否符合规定，接线是否正确。

6）电源电压是否正确。

7）压缩机皮带轮是否可轻易用手转动（检查时须停机，注意安全）。

8）检查所有的阀是否均处于合适的位置及正确的启闭状态。

9）检查系统并除去其内部的外来异物。

10）打开并再次关闭储气罐下部的排污阀。

11）若系统设备检修后重新启动时，应除去所有为安全维护而安装的维修附件及维修用标志牌。

（2）启动的注意事项

1）以上各点检查完毕后将排气阀门全开，然后按下启动按钮或启动柴油机，使机器在无负荷状态下启动运转，这样可以延长空气压缩机及原动机的寿命。

2）检查运转方向是否和皮带防护罩上箭头指示相同，若不相同，应将三相电机的三条电源线中任意两条调换。

3）启动后 3 分钟左右若没有异常声音，则将阀门关闭，使储气罐中的压力逐渐升高到达预定的压力。达到设定的压力后，压力开关自动切断电源，电机则停止运转（此时压力开关处排气阀会有几秒钟的排气，将排气铜管内的压缩空气排出，这是正常现象，目的是使电机再度运转时，负载减轻且较易启动，并非漏气）。

（3）压力控制系统的调整

1）不得自行调定，应请相关专业人员操作。

2）依顺时针方向旋转压力调整螺栓，则增大使用压力，反之则设定压力减小。

3）依顺时针方向旋转压差调整螺栓，则增高压差，反之则压差幅度减小。

（4）安全阀的调整

1）压缩机的使用压力不得高于额定工作压力。若需调整，必须请相关专业人员进行。

2）安全阀的泄放压力一般均设定高于排气压力 0.1 兆帕，故不用自行再调整。若因其他原因必须调整安全阀排放压力时，可将安全阀上锁定螺母放松，再将调节螺栓顺时针旋转，则排放压力提高，逆时针旋转，则压力设定下降，设定好排放压力后需要将锁定螺母上紧。

（5）维护保养及检查

1）保持机器清洁。

2）储气罐泄水阀应每日打开一次以排除油、水。在湿气较重的地方，每 4 小时打开一次。

3）润滑油面应每天检查一次，确保空气压缩机的润滑作用。

4）空气滤清器每 15 天应清理或更换一次（滤芯为消耗品）。

5）不定期检查皮带及各部分螺栓的松紧程度。

6）润滑油最初运转 50 小时或一周后需换新油，以后每 300 小时换新油一次（使用环境较差者应 150 小时换一次油），每运转 36 小时补加润滑油一次。

7）使用 500 小时（或半年）后，需要将气阀拆卸下来清洗。

8）每年应将机器各部件清洗一次。

9）应定期检验所有的防护罩、警告标志等安全防护装置。

49. 如何安全操作切割机？

（1）工作前

1）穿好工作服，戴好护目镜，戴上工作帽。

2）对电源闸刀开关、锯片的松紧度、锯片护罩或安全挡板进行详细检查，操作台必须稳固，夜间作业应有足够的照明。

3）打开总开关，空载试转几圈，待确认安全后方允许启动。

（2）工作时

1）严禁戴手套操作。如在操作过程中会引起灰尘，要戴上口罩或面罩。

2）不得试图切割未夹紧的小工件。

3）切割机只允许切割塑料型材。

4）不得进行强力切割操作，在切割前要使电动机达到全速。

5）不允许任何人站在切割机的后面。

6）不得探身越过或绕过切割机，锯片未停止时不得从切割机或工件上松开任何一只手或抬起手臂。

7）护罩未到位时不得操作，不得将手放在距锯片 15 厘米以内。

8）维修或更换配件前必须先切断电源，并等待锯片完全停止，不得使用额定功率低于 4 800 转 / 分的锯片。

9）发现有不正常声音时，应立刻停机并检查。

（3）工作后

1）关闭总电源。

2）清洁、整理工作台和场地。

3）如发生人身、设备事故，应保护现场，报告有关部门。

50. 如何安全操作钻机？

（1）作业前要佩戴好安全帽、照明灯，不准酒后上岗。

（2）必须两人以上作业，不准单人作业。

（3）进入工作面，首先应检查工作面的安全情况，先排净作业面顶帮上的浮石、边坡上的伞檐，有限空间内作业要保持通风良好。工作现场必须照明充足，工作照明要使用 36 伏电压行灯。

（4）工作现场要保持平整，严禁堆放障碍物。

（5）工作前必须检查设备是否放置平稳和固定牢固，各部位螺栓是否紧固良好，润滑部位是否正常，确认安全后方可按程序开钻。

（6）使用起重工具吊起或拆装钻机时，必须用合格的钢丝绳扣子，并在专人指挥下进行。起重支架必须要固定牢固，吊物时，人员不准在起吊物下方或偏移方向停留，以防发生危险。

（7）两人搬运钻机部件时，必须互相做好联系，防止挤手或砸脚。

（8）钻机开动运转中，严禁用手或戴手套触摸锚杆或运转部位，以防绞伤。

（9）用车辆运输钻机时，必须将钻机用绳索牢固地固定在车上，车辆倒车时任何人不准在两侧或车后停留，以防挤伤。

（10）爆破时，应及时撤离至安全地点。洞内放炮时，应撤到洞外避炮或到指挥人员指定的安全地点避炮。

（11）必须在指定的作业地点开钻，不准到其他岗位乱走乱窜，以防发生危险。

（12）维护设备应注意的事项

1）各接油管连接时，所有接头都须在清洁的煤油中清洗，严禁有颗粒和污物。

2）安装立柱时，立柱上下要安装枕木，枕木要与钻孔轴线平行，立柱要放置垂直，对正后，将丝扣锁紧，不准有任何松动或失稳之处。

3）吸油管道只能在搬迁拆下油箱时才能关闭截门，平时不准关闭，以免油泵吸空造成油泵损坏。

4）每工作 2 000 小时或一年应将油箱更换新油，在特殊情况下如油液连续过热或受到污染使油液变质，应立即更换。

5）油箱的油应保持一定的温度，但不能超过 70 ℃，超过 70 ℃时应检查设备是否有异常。

（13）使用抽水水泵和设备通电线路必须绝缘良好，严防漏电和触电。

（14）换钻杆时，严禁在钻杆钻动时扭接钻杆的接头处，防止发生绞伤，严禁用眼睛朝钻杆孔或钻孔里看，防止落砂石伤害眼睛。

（15）用煤油清洗钻件时，严禁吸烟和用火，防止发生火灾。

（16）保持设备清洁，填写好当班运转记录和交接班记录。

51. 如何安全操作电动机？

（1）在露天工作的电动机必须有防雨罩。

（2）电动机启动前，必须检查电线及其接头有无破损、是否松动，测试电动机转动是否灵活。

（3）如果启动后发现电动机有异响或者无法转动，应该立即将闸刀断开，排除故障。

（4）电动机的接地线应该连接可靠，绝缘电阻不得小于 0.5 兆欧；电动机应无漏电现象，温度不得过高。一般三相异步电动机，A 级最大温度为 55 ℃，B 级最大温度为 65 ℃，E 级最大温度为 70 ℃，F 级最大温度为 105 ℃。

（5）操作高压油开关，启动高压电动机时，应该戴绝缘手套，穿绝缘胶鞋。

（6）电动机停放地点必须保持干燥，禁止在电动机旁边堆放杂物和易燃品。

（7）电动机与其他机械连接时，其连接处应加装防护罩。

（8）严禁带电更换熔丝和熔片，禁止用一般金属丝代替熔丝。

（9）电动机停止工作或者发生停电，操作人员离开工作岗位时，应该断开电闸。

（10）电动机停止运行前，应该将载荷降低，然后切断电源，将启动开关拨到零位。

（11）变速电动机停止运转时，应先将转速降到最低，然后切断电源。

（12）潮湿地区的电动机停用后，必须采取防潮措施。停用很久的电动机，使用时必须先用绝缘电阻摇表检查电动机的绝缘电阻，如果超过标准则必须待烘干后才能使用。

52. 如何安全操作自卸车？

（1）行驶前，应检查锁紧装置并将料斗锁牢，不得在行驶时掉斗。

（2）起步时应平衡，不得突然加大油门，不得用二、三挡起步，应从一挡起步。不得用离合器处于半结合状态来控制车速。

（3）上坡时，当路面不良或坡度较大时，应提前换入低挡行驶；下坡时严禁空挡滑行，转弯时应先减速，急转弯时应先换入低挡。

（4）自卸车制动时，应逐渐踩下制动踏板，避免紧急制动。

（5）通过泥泞地段或雨后湿地时，应低速缓行，应避免换挡、制动、急剧加速，且不得靠近路边或沟旁行驶，并应防侧滑。

（6）自卸车排成纵队行驶时，前后车之间应保持 8 米的间距，在雨天或冰雪的路面上，应加大间距。

（7）在坑沟边缘卸料时，应设置安全挡块，车辆接近坑边时，应减速行驶，不得剧烈冲撞挡块。

（8）停车时，应选择适合地点，不得在坡道上停车。冬季应采取防止车轮与地面冻结的措施。

（9）在坡道上停放时，下坡停放应挂上倒挡，上坡停放应挂上一挡，并应使用三角木楔等塞紧轮胎。

（10）严禁料斗内载人。自卸车不得在卸料工况下行驶或进行平地作业。

（11）发动机运转或料斗内载荷时，严禁在车底进行任何作业。

（12）操作人员离机时，应将发动机熄火，并挂挡、拉紧手制动器。

（13）作业后，应对车辆进行清洗，清除沙土及混凝土等黏结在料斗和车架上的脏物。

53. 如何安全操作振动筛？

（1）开机前的准备

1）检查启动设备是否完好，电缆是否有破损。

2）检查筛网有无变形，应保持完好状态。

3）检查筛网上是否有杂物卡阻，以免重负荷启动。

4）检查各部位螺栓有无松动。

5）每班开机前必须对大架所有焊口进行仔细检查，观察焊口有无开裂。

6）观察下方和附近是否有人工作，以免意外伤人。

7）做好以上各工作后，方可发信号通知开机。

（2）运转注意事项

1）在各项检查工作完毕后，合上开机按钮，启动振动筛。

2）观察振动筛的运转是否平稳，运动件之间有无撞击和摩擦。

3）确认振动筛运转正常后，方可发出信号，通知启动开关。

4）观察石料下料情况，避免巨大石料冲击振动筛。

5）运行中发现危及设备和人身安全的现象，应立即停机。

6）运转中振动筛的任何修理和保养，都必须在停止振动筛并对开关进行闭锁后，方可进行。

（3）停机注意事项

1）停机前，必须停止给料，并把振动筛清空，然后方可停机。

2）对振动筛未能自行清理的石料，应进行手工清理。

（3）对振动筛各部位进行检查，看有无松动、开焊和破损变形部位。

（4）认真填写设备运转记录，做好交接班工作。

第6章
矿山安全标志及
劳动防护用品使用

54. 什么是矿山安全信号？

矿山各个生产环节，都设有用声和光表达的各种工作信号和危险警告信号。矿山生产中，信号是保证工作联系和安全所必需的手段。如要提升矿车时，井下工作人员必须向绞车司机或信号工发出请求信号（电铃与电话），得到绞车司机或信号工回应后，井下工作人员才能进行操作。职工必须熟悉各种安全信号的具体含义，听从信号指挥，时时注意，不可粗心大意，否则就会发生危险。

例如，斜井提升和运输过程中，用红绿灯和电铃来作信号，红灯表示危险，亮起时就要停止相应的作业，绿灯表示安全。电铃的不同声响和次数表示不同的信号。

发生灾害事故时，要发出报警信号，设备启动或停止时，要发出联络信号。推车时的大声呼喊、打铃，放炮时的口哨等都是重要的信号，听到或看到这些信号，必须迅速停止工作，躲避到安全地点，危险信号解除后方可从安全地点出来。

55. 什么是安全色?

（1）安全色

所谓安全色，是指用以传递安全信息含义的颜色，包括红、蓝、黄、绿四种颜色。

1）红色。用以传递禁止、停止、危险或者提示消防设备、设施的信息，如禁止标志等。

2）蓝色。用以传递必须遵守规定的指令性信息，如指令标志等。

3）黄色。用以传递注意、警告的信息，如警告标志等。

4）绿色。用以传递安全的提示信息，如提示标志、车间内或工地内的安全通道等。

安全色普遍适用于公共场所、生产经营单位，特别是矿山、交通运输、建筑施工、化工等高危行业以及消防等领域所使用的信号和标志的表面颜色，但是不适用于灯光信号和航海、内河航运以及其他目的而使用的颜色。

（2）对比色

对比色是指使安全色更加醒目的反衬色，包括黑、白两种颜色。

安全色与对比色同时使用时，应按表 7-1 的规定搭配使用。

表 7-1　　　　　　安全色与对比色

安全色	对比色
红色	白色
蓝色	白色
黄色	黑色
绿色	白色

56. 什么是安全标志？

安全标志是由安全色、几何图形和图形符号构成的，是用来表达特定安全信息的标记，分为禁止标志、警告标志、指令标志和提示标志四类。

禁止标志的含义是禁止人们的不安全行为。例如：

禁止吸烟　　　　　禁止跨越　　　　　禁止饮用

警告标志的含义是提醒人们对周围环境引起注意，以避免可能发生的危险。例如：

注意安全　　　　　当心火灾　　　　　当心触电

指令标志的含义是强制人们必须作出某种动作或采取防范措施。例如：

必须戴防尘口罩　　必须戴安全帽　　必须系安全带

提示标志的含义是向人们提供某种信息（如标明安全设施或场所等）。例如：

紧急出口　　　　　避险处　　　　　可动火区

安全标志一般设在醒目的地方，人们看到后有足够的时间来注意它所表示的内容，不能设在门、窗、架子等可移动的物体上，因为这些物体位置移动后安全标志就起不到作用了。

对比色使用时，黑色用于安全标志的文字、图形符号和警告标志的几何图形；白色作为安全标志红、蓝、绿色的背景色，也可用于安全标志的文字和图形符号；红色和白色、黄色和黑色间隔条纹，是两种较醒目的标志；红色与白色交替，表示禁止越过，如道路及禁止跨越的临边防护栏杆等；黄色与黑色交替，表示警告危险，如防护栏杆、吊车吊钩的滑轮架等。

57. 为什么作业时必须按规定佩戴和使用劳动防护用品？

职工在劳动生产过程中应履行按规定佩戴和使用劳动防护用品的义务。

根据法律法规的规定，为保障人身安全，用人单位必须为职工提供必要的、安全的劳动防护用品，以避免或者减轻作业中的人身伤害。但在实践中，一些职工缺乏安全知识，心存侥幸或嫌麻烦，往往不按规定佩戴和使用劳动防护用品，由此引发的人身伤害事故时有发生。另外，有的职工由于不会或者没有正确使用劳动防护用品，同样也难以避免受到人身伤害。因此，正确佩戴和使用劳动防护用品是从业人员必须履行的法定义务，是保障职工人身安全和用人单位安全生产的需要。

血的教训

　　某日下午，某水泥厂包装工在进行倒料作业中，包装工王某因脚穿拖鞋，行动不便，重心不稳，左脚踩进螺旋输送机上部10厘米宽的缝隙内，正在运行的机器将其脚和腿绞了进去。王某大声呼救，其他人员见状立即停车并反转盘车，才将王某的脚和腿撤出。尽管王某被迅速送到医院救治，仍造成左腿高位截肢。

　　造成这起事故的直接原因是王某未按规定穿工作鞋，而是穿着拖鞋，在凹凸不平的机器上行走，失足踩进机器缝隙。这起事故告诉我们，职工上班时间必须按规定佩戴劳动防护用品，绝不允许穿着拖鞋上岗操作。一旦发现这种违章行为，班组长以及其他职工应该及时纠正。

58. 常用劳动防护用品有哪些？

生产过程中，职工常常会用到以下劳动防护用品：

（1）头部防护用品

主要有一般防护帽、防尘帽、防水帽、防寒帽、安全帽、防静电帽、防高温帽、防电磁辐射帽、防昆虫帽等。

（2）呼吸防护用品

按防护功能主要分为防尘口罩和防毒口罩（面罩），按型式又可分为过滤式和隔离式两类。

（3）眼面部防护用品

主要有防尘、防水、防冲击、防高温、防电磁辐射、防射线、防化学飞溅、防风沙、防强光等护具。

（4）听力防护用品

主要有耳塞、耳罩和防噪声头盔等。

（5）手部防护用品

主要有一般防护手套、防水手套、防寒手套、防毒手套、防静电手套、防高温手套、防 X 射线手套、防酸碱手套、防油手套、防振手套、防切割手套、绝缘手套等。

（6）足部防护用品

主要有防尘鞋、防水鞋、防寒鞋、防静电鞋、防酸碱鞋、防油鞋、防烫脚鞋、防滑鞋、防刺穿鞋、电绝缘鞋、防振鞋等。

（7）躯干防护用品

主要有一般防护服、防水服、防寒服、防砸背心、防毒服、阻燃服、防静电服、防高温服、防电磁辐射服、耐酸碱服、防油

服、水上救生衣、防昆虫服、防风沙服等。

（8）劳动护肤用品

主要有防毒、防腐、防射线、防油漆等不同功能的护肤用品。

（9）防坠落用品

主要有安全带和安全网等。

专家提示

职工所使用的劳动防护用品必须是由国家批准的正规厂家生产的符合国家标准的产品。

59. 使用劳动防护用品要注意什么？

在作业场所必须按照要求佩戴和使用劳动防护用品。劳动防护用品是根据生产工作的实际需要发给个人的，每个职工在生产工作中都要好好地应用它，以达到预防事故、保障个人安全的目的。使用劳动防护用品要注意以下几个方面要求：

（1）选择劳动防护用品应针对防护目的，正确选择符合要求的用品，绝不能选错或将就使用。

（2）对使用劳动防护用品的人员应进行教育和培训，使其能充分了解使用的目的和意义，并正确使用。对于结构和使用方法较为复杂的劳动防护用品，如呼吸防护器等，应进行反复训练，使人员能熟练使用。用于紧急救灾的呼吸器，要定期严格检验，并妥善存放在可能发生事故的地点附近，以方便取用。

（3）妥善维护保养劳动防护用品，不但能延长其使用期限，更重要的是能保证其防护效果。耳塞、口罩、面罩等用后应用肥皂、清水洗净，并用相应药液消毒、晾干。过滤式呼吸防护器的滤料要定期更换，以防失效。防止皮肤污染的工作服用后应集中清洗。

（4）劳动防护用品应有专人管理，负责维护保养，保证其在使用时能充分发挥其作用。

专家提示

　　选择劳动防护用品要注意其适用性，必须根据不同的工种和作业环境以及使用者的自身特点等选用。如耳塞和防噪声帽（有大小型号之分），如果选择的型号太小或太大，就不能很好地起到防噪声的作用。

60. 个人劳动防护用品分为哪几类？

个人劳动防护用品在预防职业伤害的综合措施中，属于第一级预防部分，当劳动条件尚不能从设备上改善时，劳动防护用品的使用还是主要的防护手段。在某些情况下，如有可能发生有害气体中毒事故时，合理使用个人劳动防护用品，可起到重要的防护作用。

个人劳动防护用品有防护服装、防护鞋帽、防护手套、防护面罩及眼镜、隔音器、呼吸防护器、皮肤防护剂等。

个人劳动防护用品主要有隔热、屏障和吸收过滤的作用。起到隔热和屏障作用的有防护服装、口罩、鞋帽、手套、防护面具、隔音器等。例如，根据接触职业环境的主要生产性有害因素，可以分别装备防尘、防酸碱腐蚀、防高温辐射和防放射性物质污染的防护服装等，用以减少劳动者直接接触或受污染的程度；根据噪声的频谱和强度装备内耳或外耳隔音器等，能起到一定的保护作用。起吸收和过滤作用的有防护眼镜和呼吸防护用具。例如，防护眼镜镜片可选择性地吸收过滤紫外线等，过滤式防毒面具能吸收过滤有毒气体和粉尘等。

相关链接

在选择个人劳动防护用品时，不仅要注意其防护效果，还应考虑其是否符合生理要求，以便于利用。在平时还需加强劳动防护用品的管理和检查维护工作，才能使其在使用时能够达到应有的防护效果。

61. 用人单位有哪些劳动防护用品管理责任？

（1）用人单位应根据工作场所中的职业病危害因素及其危害程度，按照法律、法规、标准的规定，为职工免费提供符合国家标准或者行业标准的劳动防护用品。不得以货币或其他物品替代应当配备的劳动防护用品。

（2）用人单位应当健全管理制度，加强劳动防护用品配备、发放、使用等管理工作。

（3）用人单位应教育职工，按照劳动防护用品的使用规则和防护要求正确使用，使职工做到"三会"：会检查劳动防护用品的可靠性，会正确使用劳动防护用品，会正确维护保养劳动防护用品。用人单位应定期对职工劳动防护用品的使用情况进行监督检查。

（4）用人单位应按照产品说明书的要求，及时更换、报废过期和失效的劳动防护用品。

（5）用人单位应建立健全劳动防护用品的购买、验收、保管、发放、使用、更换、报废等管理制度和使用档案，并进行必要的监督检查。

相关链接

　　劳动防护用品的使用必须在其性能范围内，不得超过极限使用；不得使用未经国家指定、未经监督部门认可（国家标准）和检测达不到标准的产品；不得使用无安全标志的特种劳动防护用品；不能随便代替，更不能以次充好。

62. 如何正确佩戴安全帽？

　　（1）首先检查安全帽的外壳是否破损（如有破损，其分解和削弱外来冲击力的性能就已减弱或丧失，不可再用），有无合格帽衬（帽衬的作用是吸收和缓解冲击力，若无帽衬，则丧失了保护头部的功能），帽带是否完好。

　　（2）调整好帽衬顶端与帽壳内顶的间距（4~5厘米），调整好帽箍。

（3）安全帽必须戴正。如果戴歪了，一旦受到打击，就起不到减轻对头部冲击的作用。

（4）必须系紧下颌带，戴好安全帽。如果不系紧下颌带，一旦发生构件坠落打击事故，安全帽就容易掉下来，导致严重后果。

现场作业过程中，切记不得将安全帽脱下搁置一旁，或当作坐垫使用。

63. 如何正确佩戴防尘口罩？

防尘口罩必须大小适合，佩戴方式必须正确，这样口罩才能起到防护作用。

（1）先将头带每隔 2~4 厘米处拉松。

（2）将口罩放置掌中，将鼻位金属条朝指尖方向，让头带自然垂下。

（3）戴上口罩，鼻位金属条部分向上，紧贴面部。

（4）将口罩上端头带放于头后，然后下端头带拉过头部，置于颈后，调校至舒适位置。

（5）将双手指尖沿着鼻梁金属条，由中间至两边，慢慢向内按压，直至紧贴鼻梁。

（6）双手尽量遮盖口罩并进行正压及负压测试。

（7）呼吸阀的功能：在湿热、通风较差或劳动量较大的工作环境，使用具有呼吸阀的口罩可帮助人们在呼气时更感舒适。呼吸阀的作用原理是呼气时靠排出气体的正压将阀片吹开，以迅速将体内废气排出，降低使用口罩时的闷热感，而吸气时的负压会自动将阀门关闭，以避免吸进外界环境的污染物。

 知识学习

> 正压测试：双手遮住口罩，大力呼气，如空气从口罩边缘溢出，即佩戴不当，须再次调校头带及鼻梁金属条。
>
> 负压测试：双手遮住口罩，大力吸气，口罩中央会陷下去，如有空气从口罩边缘进入，即佩戴不当，须再次调校头带及鼻梁金属条。

64. 使用防护手套时有哪些注意事项？

使用防护手套前，首先应了解不同种类手套的防护作用和使用要求，以便在作业时正确选择，切不可把一般场合用的手套当作专用防护手套来使用。在某些工作环境下，所有防护手套都应佩戴合适，避免手套指过长，被机械运转部件绞进或卷住，造成手部受伤。

不同的防护手套有其特定的用途和性能，在实际工作时一定要结合作业情况正确使用，以保护手部安全。以下是在使用防护手套时的注意事项：

（1）普通操作应佩戴防机械伤手套，可用帆布、绒布、粗纱制作而成，以防丝扣、尖锐物体、毛刺、工具等伤手。

（2）冬季应佩戴防寒棉手套，对导热油、三甘醇等高温部位操作也应使用棉手套。

（3）使用甲醇时必须佩戴防毒乳胶或橡胶手套。

（4）加电解液或打开电瓶盖要使用耐酸碱手套，注意防止电解液溅到衣物上或身体其他裸露部位。

（5）焊割作业应佩戴焊工手套，以防焊渣、熔渣等烧坏衣袖、烫伤手臂。

（6）备用耐火阻燃手套，用于救火或有可能造成烧伤的操作。

（7）接触设备运转部件禁止佩戴手套。

（8）防护手套特别是被凝析油、汽油、柴油等轻质油品浸湿的手套使用完毕应及时清洗油污，禁止戴此类手套抽烟、点火、烤火等，以防被点燃。

 相关链接

防护手套都应具有标志标识，包括：

（1）防护手套商标、生产商或代理商的说明。

（2）防护手套的名称（商业名称或代码，以便使用者了解生产商和适用范围）。

（3）型号大小。

（4）如有必要，应标明失效日期。

65. 选择和使用防护鞋有哪些注意事项？

（1）防护鞋除了须根据作业条件选择适合的类型外，还应合脚，穿起来使人感到舒适，这一点很重要，因此要仔细挑选合适的鞋号。

（2）防护鞋要有防滑的设计，不仅要保护人的脚免遭伤害，而且要防止操作人员滑倒所引起的事故。

（3）各种不同性能的防护鞋，要达到各自防护性能的技术指标，如脚趾不被砸伤，脚底不被刺伤，绝缘等要求。但要注意的是防护鞋不是万能的。

（4）使用防护鞋前要认真检查或测试，在电气和酸碱作业环境中，破损和有裂纹的防护鞋都是有危险的。

（5）防护鞋用后要妥善保管，橡胶鞋用后要用清水或消毒剂冲洗并晾干，以延长其使用寿命。

第**7**章
矿山常见作业人员
安全生产职责

66. 矿山安全员的主要安全生产职责包括哪些?

（1）专职安全员的主要安全生产职责

1）协助班长做好本班的安全生产工作，对本班的安全生产工作负责。

2）协助班长做好本班班前安全布置、班中安全检查、班后安全总结，切实做好全程跟班工作。

3）负责新职工上岗期间的安全教育和操作规程指导，教育新职工遵守本单位的安全生产规章制度。

4）协助班长进行经常性安全教育活动，发动职工开展安全生产技术改造；认真做好安全记录，提出合理的安全工作意见和建议。

5）教育本班职工正确使用劳动保护用品，及时制止、纠正职工的违章、违规行为。

6）协助班长随时检查安全生产情况，督促班组成员正确执行安全操作规程和各种安全制度，制止违章作业。

7）及时反映情况，积极协助上级采取措施，消除生产中的事故隐患。

8）协助上级分析事故原因，提出改进措施，并督促实施。

9）发生事故时要及时报告、了解情况和维护现场。

（2）兼职安全员的主要安全生产职责

1）班组兼职安全员一般由副班长兼任，协助班长做好本班安全工作，受专职安全员的业务指导，协助班长做好班前安全布置、班中安全检查、班后安全总结工作。

2）组织开展本班各种安全活动，认真做好安全活动记录，提出改进安全工作的意见和建议。

3）对新职工进行岗位安全教育。

4）严格执行安全生产各项规章制度，对违章指挥、违章作业、违反劳动纪律有权制止，并及时报告。

5）检查督促班本人员正确使用生产设备设施和各种劳动防护用品及消防器材。

6）发生事故要及时了解情况、维护现场，并向上级报告。在救援人员未到达前，协助班长组织本班作业人员积极采取避险避灾措施，带领所有遇险职工立即转移到安全地带，并组织安排好求救信号，等待救援；听从应急救援指挥部的统一调遣安排，积极参与抢险救灾工作，保证完成应急救援指挥部下达的各项任务。

67. 测量技术员的主要安全生产职责包括哪些?

（1）参加安全生产业务学习和安全生产活动。

（2）组织进行重要贯通测量工作，审查贯通测量技术设计，对重要贯通工程的安全生产工作负技术和监督、检查责任。

（3）参加重点工程的开工、竣工验收和质量事故分析会议。

（4）对测量仪器、工具负责调剂和维护保养，保证仪器、工具的安全运行。

（5）经常深入现场指导和协助施工队搞好专业安全工作。

（6）参加单位组织的各项安全生产活动，排查事故隐患，积极参加安全抢险。

68. 爆破员的主要安全生产职责包括哪些?

（1）必须持证上岗作业。负责本班作业场所的放炮工作，对放炮工序技术和安全负直接责任。

（2）严格执行爆破材料管理制度，认真负责地领取计划内所用爆破材料，做到不丢失、不浪费、不转交他人、不擅自销毁或挪作他用；组织监督本班职工按照规定搬运当班所需爆破器材，爆破器材到达作业场所时，严格做好保管工作，在井下应入箱保管并上锁，严禁乱扔乱放；火药箱应放在支架完好、顶板好的地方，要避开机械、电气设备放在干燥地点；负责管好用好爆破安全用具。

11111111

（3）在井下搬运爆破材料，与同行人要保持10米以上的距离行走，严禁并排同行或打闹；中途休息时要选择安全地点，远离电缆和金属导体等物。

（4）严格按照爆破作业规程规定装药、爆破，无爆破作业规程坚决不进行深孔爆破、洞穴爆破或深孔扩壶爆破，小爆破严格按照爆破器材使用说明的规定进行。

（5）严禁打残眼，不得放小炮、明炮、糊炮和短母线放炮；严禁擅自反向定炮，否则爆破员负直接责任。

（6）严格执行放炮各项制度和安全操作规程，根据施工现场情况，严格掌握好装药量。炮眼要装水炮泥，炮泥要充满填实，不用的炮眼或残眼要用炮泥填实，以保证爆破的效果和安全，否则对放炮发生的事故负直接责任。

（7）放炮前应洒水灭尘，配合当班人员搞好综合防尘工作，以降低粉尘浓度和有害气体浓度。爆破人员对放炮防尘负直接责任。

（8）严格执行"一炮三检"和放炮记录制度，严格执行放炮"三保险"制度（人员保险、设备保险、作业现场及周边环境保险）。

（9）严格执行先检查后工作制度，负责按规程规定装药定炮，连线放炮；负责班末清点剩余炸药雷管，并签字退库；在班长领导下，按时按质按量完成爆破作业任务。

（10）对当班留下未放完的装药炮眼，与班长、班组安全员必须在现场向下一班的放炮员、班长、班组安全员进行交接，填写交接报告单，并向专职安全员、分管安全副矿长分别报告。

（11）出现哑炮、残炮时必须与当班班长、班组安全员处理完毕后方可离开现场。

（12）采矿工作面、掘进迎头的放炮工作，必须严格执行由班组安全员直接管理的制度。采用电雷管爆破或非电导爆管爆破作业时，爆破员要自联自检自放，严禁多人操作；爆破器把手或钥匙要随身携带，妥善保管；不放炮或连线时，严禁将把手或钥匙插入爆破器上或交于他人，母线要摘掉并收好，导爆管必须由爆破员亲自保管，严禁将导爆管交给他人保管。

（13）发生事故时，负责落实抢险救灾工作中爆破安全技术问题，负责排除哑炮；在应急救援指挥部统一安排下，积极参与救援，保证完成救援指挥部下达的各项任务。

69. 绞车工的主要安全生产职责包括哪些?

（1）必须持证上岗，坚守岗位，不得擅离职守，对所在单位的人员与设备安全负责，确保生产的安全进行。无证人员不准操作绞车。

（2）熟悉绞车的结构、性能，掌握好开车技术，加强绞车设备的保养、维护和检查，做到"三知"（知设备结构、知设备性能、知安全设施的作用原理），做到"三好四会"（即管好、用好、维护好，会保养、会检查、会使用、会排除故障）。

（3）严格按照操作规程作业，在操作中严格执行"三不开"（信号不明不开、没看清上下钩不开、启动状态不正常不开），"五注意"（注意电压、电流表是否正常，注意制动闸门是否可靠，注意深度指示器是否准确，注意钢丝绳排列是否整齐，注意润滑系统是否正常）。

（4）严格落实"五严"（严格执行交接班制度、严格执行操作规程、严格执行要害场所管理制度、严格进行巡回检查、严格进行岗位练兵）。

（5）工作中必须高度集中思想，不睡觉，不擅自离开工作岗位，遵守安全操作规程和各项规章制度，严禁违章作业。

（6）严禁放飞车。

（7）斜井（包括上下山）运输时，严禁蹬钩；行车时严禁行人，严格遵守"绞车不行人，行人不绞车"的规定。

（8）对提升容器、连接装置、阻车器、装卸设备和钢丝绳以及提升绞车的卷筒、制动装置、限速器、调绳装置、传动装置、电动机和控制设备等，每班都必须检查一次，发现隐患必须立即处理，并做好检修记录，未修好前严禁使用。

（9）加强对钢丝绳、地滚、"一坡三挡"（为保证煤矿轨道运输安全，用以防止发生跑车事故而使用的预防和防止手段）的检查，监视绞车运行情况，发现有重大事故隐患，立即停车并向专职安全员或分管安全副矿长报告，及时处理。

（10）对绞车、变速箱等部件及时加油，班前做好油料配件等准备工作。

（11）钢丝绳在一个捻距内断丝数与钢丝总数之比，达到10%时应予更换；要特别注意检查钢丝绳由下层转至上层的临界段（相当于四分之一圈绳长）部分，并统计断丝数，每季度要将钢丝绳串动四分之一圈的位置。提升设备上禁止使用有接头或断股的钢丝绳。如钢丝绳钢丝有变黑、锈皮、点蚀等缺陷时，不得用作升降人员；发现锈蚀严重、点蚀麻坑形成沟纹、外层钢丝松动时，必须更换。

（12）遵守劳动组织纪律，服从安排，听从指挥，不迟到早退，不当连班，不私自请人代班，不做与本职工作无关的事情。

（13）认真填写好"五记录"（交接班记录、巡回检查记录、安全装置试验记录、人员进出记录、运转日志记录），交代好绞车运行情况。

（14）及时清理绞车设备，保持设备与环境卫生整洁干净，做到检修、消防用具齐全。

（15）发生生产安全事故时，负责落实事故抢险救灾工作中提升运输安全技术问题，保证应急救援工作顺利进行。

70. 矿井通风工的主要安全生产职责包括哪些?

（1）负责通风设备设施的维修和改造工作，以确保通风系统的正常运行及其安全性。

（2）负责局部通风机和风筒等设备设施的运送、安装、维护、拆除和回收工作。

（3）熟悉矿井通风系统，掌握通风设备设施的设置地点、位置、种类、用途和使用管理状况，确保其可靠性。

（4）为确保井巷风流的稳定性，所修建的通风设备设施都必须符合质量标准的要求，并按设计或指定位置施工。

（5）在实施通风设施更改（包括墙改门或门改墙等）工程时，必须严格执行先建好新的、再拆除旧的施工程序，以确保通风系统的稳定性。

（6）熟悉局部通风机的结构、原理、性能、技术特征和一般的维修知识。

（7）掌握各掘进工作面局部通风设计和现场的使用管理状况，发现问题应及时汇报和处理。

（8）发生生产安全事故时，负责落实事故抢险救灾工作中的通风安全技术问题；当通风设施遭受破坏时，应根据处理事故的需要，及时做好通风系统的恢复工作，并组织通风技术防范措施，保障应急救援工作的顺利进行。

71. 电工的主要安全生产职责包括哪些？

（1）必须持证上岗，负责井上井下的供电及检修工作任务，对电力线路及电气设备的用电安全负责。

（2）对井上井下电气设备、线路要经常检查，做到心中有数，不影响生产，确保设备安全运行。

（3）遵守安全规程，严禁违章作业，确保安全供电。

（4）坚守岗位，做到手勤、脚勤、随叫随到，保障生产需要。

（5）井下井上电气设备要摆放整齐，线路、电缆要悬挂整齐，设备硐室要清洁整齐。

（6）加强材料管理，做好工具存放。

（7）加强安全技术学习，提高业务水平，熟悉触电事故急救常识，督促本单位职工掌握用电基本知识，提高职工对电力事故的自救能力。

（8）发生生产安全事故时，负责落实事故抢险救灾工作中的电气安全技术问题，参与抢险救灾，保障应急救援工作顺利进行。

72. 焊工的主要安全生产职责包括哪些？

（1）全面负责矿山焊接工作，对焊接部位的质量安全负直接责任，因违章焊接或焊接质量未达到规定要求而引发事故，由焊工负直接责任。

（2）必须经专业安全技术考核，持有特种作业操作证方准上岗独立操作。非持证焊工严禁进行焊接作业。

（3）熟练掌握焊接技术，遵守焊接作业操作规程、焊接作业安全规范。

（4）操作时应穿焊接工作服、绝缘鞋和戴焊接手套、防护面罩等劳动防护用品，高处作业时应系安全带。

（5）焊接作业前，先检查四周安全距离内是否存在易燃易爆物品，确认安全后方可开始摆放机械设备；检查机械设备处于正常运行状况后，即可进行焊接作业。

（6）按质按量完成焊接作业任务。

（7）每天跟班检查焊接部位是否牢靠坚实，每天对易损易坏部位进行细致检查，发现隐患应通知立即停工检修。

（8）坚守岗位，做到手勤、脚勤、随叫随到，保证生产需要。

（9）加强材料管理，做好工具存放。

（10）加强安全技术学习，提高业务水平，熟悉触电事故急救常识。

（11）发生生产安全事故时，负责落实事故抢险救灾工作中的焊接安全技术问题，参与救援，保障应急救援工作顺利进行。

73. 风钻工、采剥工、采掘工的主要安全生产职责包括哪些？

（1）熟悉矿山的总体开采设计，掌握开拓采掘工作的安全技术措施，认真学习施工设计，严格按照施工设计的规定进行打眼、采剥、采掘作业，保证施工安全和工程质量。

（2）在坡度大于45°的采面上凿岩、爆破、清除浮石和修理边帮时，自觉佩戴安全帽，系好安全带或安全绳，并将其拴在牢固地点。

（3）熟悉本掘进工作面、采矿工作面的位置、地质条件等基本情况。

（4）熟练掌握掘进工作面、采矿工作面的支护方式和本工种使用的设备、设施性能。

（5）熟练掌握掘进质量、采矿质量的具体要求和规定。

（6）熟练掌握边坡稳定、掘进支护、采矿支护等业务的保安和自主保安知识。

（7）认真落实"安全第一、预防为主、综合治理"的安全生产方针，坚持生产必须服从安全，做到不安全不生产，隐患不处理不生产，安全措施不落实不生产。

（8）严格执行上级有关法律法规和政策，遵守劳动纪律、遵守各项管理制度、服从安排。

（9）认真参加班前会和安全日活动，听取有关领导对本班安全生产工作的安排布置，认真总结自身的安全生产工作，吸取经验教训，与领导、同事一道努力改善本班安全生产工作。

（10）严格执行作业安全操作规程，做到"五检查、四不掘采、三做到、一准备"。"五检查"是指检查安全出口是否畅通无阻、检查顶板有无冒顶征兆、检查工程质量是否合格、检查工作面通风是否符合规定、检查设备材料是否完全齐备；"四不掘采"是指有冒顶预兆不掘采、有透水预兆不掘采、停风停电不掘采、严重隐患未处理好不掘采；"三做到"是指做到分采分运、做到节约环保、做到互相配合；"一准备"是指准备好应带的工具。

（11）正确使用并加强管理作业中使用的爆破器材、电气设备、通风设施、工具等物件，不得丢失或损坏。

（12）做到互相关心、互相监督，搞好本班掘进、采矿工程质量、设备质量等问题；对本班非熟练职工，互相进行技术指导和安全指导，坚决反"三违"。

（13）积极整改生产环境中的安全隐患；对井下发生的生产安全事故，迅速做好应急救援工作并积极配合现场处理。

（14）加强安全生产技术素质的学习提高，掌握矿井灾害的处理和预防的基本技能。

（15）发生生产安全事故时，听从应急救援总指挥的调遣安排，积极参与抢险救灾，保证完成应急救援指挥部下达的各项任务。

74. 推车工的主要安全生产职责包括哪些？

（1）遵守劳动纪律，坚守工作岗位，按时上下班，完成本班工作任务，负责将本班所有矿渣全部翻完，确保本班不存矿存渣。

（2）作业前，要检查斜井钢丝绳是否良好，发现问题要及时报告领导。

（3）井下所需各种材料、设备、工具要及时下放；井下提上来的设备、材料、工具要及时卸下来，要及时做好传递工作，及时入库，不得丢失。

（4）严格遵守安全作业规范和操作规程，严禁违章作业，放车时思想要高度集中；严格检查连环、插销是否牢固，阻车器是否灵活；严禁放飞车。

（5）管好工具、用具，做好交接班。

（6）发生生产安全事故时，在应急救援总指挥的调遣安排下参与抢险救灾，保证完成应急救援指挥部下达的各项任务。

75. 支柱工的主要安全生产职责包括哪些？

（1）参加安全业务学习和安全活动。

（2）必须高度重视安全，带齐工具材料下井，严格执行安全操作规程，保证支柱质量，维护好井下卫生。

（3）作业之前要通风、洒水降尘，并做好"四处理"工作：一处理损坏的梯子、平台、安全棚；二处理松石，确实撬不掉的要做记号；三处理残误炮，没有把握处理的，要及时报告；四处理木材、板子的质量，不符合安全要求的要更换。

（4）梯子、平台、安全棚要及时跟上工作面，漏斗要及时安装与修理，天井溜矿格应架设盖板，要保证阶梯面平整。

（5）天井支柱工要为台班开钻做好各项准备。

（6）采场悬空作业时，要采取必要的自身安全措施进行处理。必须炸斗时，要会同爆破工处理好，保证安全，还应及时破碎大块。

（7）要爱惜一钉一木，做到按需用材，物尽其用，节约代用。

（8）作业完毕，要清扫场地，木材、板子要堆放整齐，废旧材料和工具要带出井外。

76. 装矿机工的主要安全生产职责包括哪些？

（1）参加安全业务学习和安全活动。

（2）重视安全生产，严格执行安全操作规程，维护好井下卫生。

（3）装矿前，松石要处理干净，工作面要勤洒水；要爱护装矿机上的灯具，如有损坏，要及时更换。

（4）装矿时，要将装矿机与矿车挂好钩，要防止压坏电缆；碰到大块矿石要破碎后再装。

（5）要爱护装矿机，经常检查，发现问题及时处理；要做好设备维护保养和清洁润滑工作；严禁超温、超负荷作业，不让未经批准的人员开装矿机；作业结束后，要清扫装矿机，并开到安全地点关闭开关，切断电源。

（6）认真学习技术，努力做到"三好"（管好、用好、修好）、"四会"（会使用、会维护、会修理、会排除故障）。

（7）下班时应如实填写好班报表，交好班，与下一班认真交接当班工作情况和存在问题。

77. 运矿工的主要安全生产职责包括哪些？

（1）参加安全业务学习和安全活动。

（2）重视安全生产，严格执行安全操作规程，维护井下卫生。

（3）放斗运矿前，要做到：一要检查作业面，通风不良或发现误炮要报告，有松石要撬净，拾到残药、雷管要交库；二要检查矿车主体，不完好的要修理；三要清理斗脚、水沟、铁道，并冲洗距作业面20米的坑道。

（4）按照规定的斗号放矿、装矿，不得乱放。

（5）要爱护矿车，矿车翻车、掉道要及时处理好，电机车掉道要撬起来，坏矿车要及时送到修车处进行修理。

（6）平巷运矿，运完后要为台班开钻做好准备。采场和天井放矿，在运完后，要将采扬和天井下的巷道清理干净。

（7）井内的烂竹箕、废木料等要及时运出，堆放在指定的地方，做好处理工作。

78. 卷扬机工的主要安全生产职责包括哪些？

（1）参加安全业务学习和安全活动。

（2）严格遵守卷扬机安全操作规程及斜井管理有关规章制度。

（3）开车前必须按规程认真做好设备的检查工作，发现问题须及时处理，检修设备应做到停电作业，并挂禁止送电警告牌。

（4）搞好设备的润滑工作，润滑部位须按规定进行加油，每班须检查减速器油面线是否下降到液压站最低位置，超过最低位置时须及时加入合格润滑油方可运行。

（5）操作时要集中精力，严格按井口信号指令进行操作，信号不明不开车。

（6）努力钻研操作技术，正确掌握好启动、减速、运行的各种速度，做到平稳可靠、行车准确、严防过卷。

（7）开车应做到一人操作、一人监护，严禁非操作人员操作设备。

（8）认真执行机房出入制度，除有关人员外，其他人未经过许可不得进入机房。

（9）严禁酒后开车；下班时须将操作手柄停零位，把电锁锁好，将设备停电，锁好机房。

第**8**章
矿山常见意外伤害
及应急处置

79. 发生冒顶事故后应如何进行应急处置？

（1）冒顶事故的发生一般是有预兆的。井下人员发现冒顶预兆，应立即进入安全地点避灾。如来不及进入安全地点，要靠煤壁贴身站立（但应防止片帮）或到木垛等处避灾。

（2）发生冒顶事故后，班长、跟班干部要根据现场情况，判断冒顶事故发生的地点、灾情、原因、影响区域等，有针对性地进行现场处置。如无第二次大面积顶板动力现象时，应立即组织对受困人员进行施救，防止事故扩大。

（3）现场救援人员必须在首先保证巷道通风、后路畅通、现场顶帮维护好的情况下方可施救，施救过程中必须安排专人进行顶板观察、监护。当出现大面积来压等异常情况或通风不良、瓦斯浓度急剧上升有瓦斯爆炸危险时，必须立即撤离到安全地点，等待救援。

（4）在巷道掘进施工时，应经常检查巷道支架、顶板情况，做好维护工作，防止前面施工，后面"关门"的堵人事故。一旦被堵，则应沉着冷静，同时维护好冒落处和避灾处的支护，防止冒顶进一步扩大，并有规律地向外发出呼救信号，但不能敲打威胁自身安全的物料和岩石，更不能在条件不允许的情况下强行挣扎脱险。若被困时间较长，则应减少体力消耗，节水、节食和节约矿灯用电。若有压风管，应用压风管供风，做好长时间避灾的准备。

（5）抢救被煤和矸石埋压的人员时，要首先加固冒顶地点周围的支架，防止抢救过程中再次冒落伤人，并预留好安全退路，保证营救人员自身安全，然后才能采取措施施救。被压埋人员被扒出后，首先要清理遇险人员的口鼻堵塞物，以使其呼吸系统畅通。抢救被埋压人员时，禁止用镐刨煤、矸，小块应用手搬，大块可采用千斤顶、液压起重气垫等工具，绝对不允许用锤砸。

（6）应根据现场实际情况开展救助工作，轻伤者应在现场对其进行包扎，并抬放到安全地带；骨折人员不要轻易挪动，要先采取固定措施；出血伤员要先止血，等待救助人员到来进行专业救护。

（7）除救人和处理险情紧急需要外，一般不得破坏现场。

（8）发生冒顶事故后，抢救人员时，应使用呼喊、敲击或采用生命探测仪探测等方法，判断遇险人员位置，与遇险人员保持联系，鼓励他们配合抢救工作。在支护好顶板的情况下，用掘小巷、绕道通过垮落区或使用矿山救护轻便支架穿越垮落区等方法接近被埋、被堵人员；一时无法接近时，应设法利用压风管路等提供新鲜空气、饮料和食物。

（9）处理冒顶事故中，应指定专人检查瓦斯和观察顶板情况，发现异常，立即撤出人员。

80. 发生炮烟中毒窒息事故后应如何进行应急处置？

发生炮烟中毒窒息事故后，伤员如果得不到及时救治，短时间内就会有生命危险，因此必须迅速采取正确的应急措施。可采取的现场应急处置措施有：

（1）迅速把中毒者转移到有新鲜风流的安全地方，立即进行抢救。

快把他转移到有新鲜风流的安全地方，进行抢救！

小张炮烟中毒了！怎么办？

（2）对呼吸停止者，应清除口腔、鼻腔内的异物，使呼吸道畅通后，立即进行人工呼吸抢救。

（3）对心跳停止者，应迅速进行胸外心脏按压，同时进行人工呼吸抢救。

（4）救护人员在进入爆炸区以前，必须戴上氧气呼吸器、自救器等防护用品，确保无二次中毒的可能。切忌盲目施救，避免伤亡扩大。

81. 发生煤矿透水事故后应如何进行应急处置？

（1）井下一旦发生透水事故，应以最快的速度通知附近地区工作人员一起按照规定的避灾路线撤出，现场班长、跟班干部要立即组织人员按避水路线安全撤离到新鲜风流中。撤离前，应设法将撤退的行动路线和目的地告知调度室，到达目的地后再报调度室。

（2）要特别注意"人往高处走"，切不可进入低于透水点附近下方的独头巷道。由于透水一般来势很猛、冲力很大，现场人员应立即避开出水口和泄水流，躲避到硐室内、巷道拐弯处或其他安全地点；如果情况紧急，来不及躲避时，可抓牢棚梁、棚腿或其他固定物，防止被水打倒或冲走。在存在有毒、有害气体危害的情况下，一定要佩戴自救器。

（3）人员撤出透水区域后，应立即将防水闸门紧紧关死，以隔断水流。在撤退行进时，应靠巷道一侧，抓牢支架或其他固定物，尽量避开压力水头和泄水主流，要防止被水流夹带的矸石、木料撞伤。如巷道中照明和路标被破坏，迷失了前进方向，应朝有风流的上山方向撤退。在撤退沿途和所经过的巷道交叉口，应留设指示行进方向的明显标志。从立井梯子向上爬时，应有序进行，手要抓牢，脚要蹬稳。撤退中，如因冒顶或积水已造成巷道堵塞，可找其他通道撤出。

（4）在唯一的出口被封堵无法撤退时，应在现场管理人员带领下进行避灾，等待救援人员的营救，严禁进行盲目潜水等冒险行为。

（5）当避灾处低于外部水位时，不得打开水管、压风管供风，以免水位上升。必要时，可设置挡墙或防护板，阻止涌水、煤矸和有害气体的侵入。避灾处外口应留衣物、矿灯等标志物，以便营救人员发现。

（6）重大水害的避难时间一般较长，应节约使用矿灯电源，合理安排随身携带的食物，保持安静，尽量避免不必要的体力消耗和氧气消耗，采用各种方法与外部联系。长时间避难时，避难人员要轮流担任岗哨，注意观察外部情况，定期测量气体浓度，其余人员均静卧以保持体力。避难人员较多时，硐室内可留一盏矿灯照明，其余矿灯均应关闭备用。在硐室内，可有规律地间断地敲击金属物、顶帮岩石，发出呼救联络信号，以引起救援人员的注意，指示避难人员所在的位置。在任何情况下，所有避难人员都要坚定信心、互相鼓励，保持镇定的情绪。被困期间断绝食物后，即使在饥渴难忍的情况下，也应努力克制自己，不嚼食杂物充饥，尽量少饮或不饮不洁净的水。需要饮用井下水时，应选择适宜的水源，并用纱布或衣服过滤，以免造成食道损伤。

（7）长时间避难后得救时，不可吃硬质和过量的食物，要避开强烈的光线，以免刺伤眼睛。

82. 发生煤矿井下火灾后应如何进行应急处置？

（1）在煤矿井下，无论任何人发现了烟雾或明火，确认发生了火灾，要立即报告调度室。火灾初期是灭火的最佳时机，如果火势不大，应立即进行直接灭火，切不可惊慌失措，四处奔跑。

（2）灭火时要有充足的水量，从火源外围逐渐向火源中心喷射水流；要保持正常通风，并要有畅通的回风通道，以便及时将高温气体和蒸汽排除；用水灭电气设备火灾时，首先要切断电源；不宜用水扑灭油类火灾；灭火人员不准站在火源的回风侧，以免烟气伤人。

（3）如果火势较大而无法扑灭，或者其他地区发生火灾接到撤退命令时，要组织避灾和进行自救。此时，要迅速戴好自救器，有组织地撤退。处在火源上风侧的人员，应逆着风流撤退。处在火源下风侧的人员，如果火势小，越过火源没有危险时，可迅速穿过火区到火源上风侧，若顺风撤退，则必须找到捷径，尽快进入新鲜风流中撤退。撤退时应迅速果断、忙而不乱，同时要随时注意观察巷道和风流的变化情况，谨防火风压可能造成的风流逆转。

（4）如果巷道已有烟雾但不大时，要戴好自救器（无自救器或自救器已超过有效使用时间时，应用湿毛巾捂住口、鼻），尽量躬身弯腰，低头快速前进；烟雾大时，应贴着巷道底和巷道壁，摸着铁道或管道迅速撤离；一般情况下不要逆着烟流方向撤退；在有烟且视线不清的情况下，应摸着巷道壁、支架、管道或铁轨前进，以免错过通往新风流的连通出口。

（5）在充满高温浓烟的巷道中撤退时，应将衣服、毛巾打湿或向身上淋水进行降温，利用随身物品遮挡头面部，防止高温烟气刺激等。万一无法撤离灾区时，应迅速进入避难硐室，或者就近找一个硐室或其他较安全地点进行避灾自救，等待救援。

（6）如因灾害破坏了巷道中的避灾路线指示牌、迷失了行进的方向时，撤退人员应朝着有风流通过的巷道方向撤退。在撤退沿途和所经过的巷道交叉口，应留设指示行进方向的明显标志，以提示救援人员注意。

（7）在唯一的出口被封堵而无法撤退时，应在现场管理人员或有经验的老工人的带领下避灾，以等待救援人员前来营救。进入避难硐室前，应在硐室外留设文字、衣物、矿灯等明显标志，以便被救援人员及时发现。进入硐室后，应开启压风自救系统，可采取有规律地敲击金属物、顶帮岩石等方法，发出呼救联络信号，以引起救援人员的注意，指示避难人员所在的位置。积极开展互救，及时处理受伤和窒息人员。

（8）发生人员烧伤时，烧伤急救要点可概括为"灭、查、防、包、送"：

1）灭。扑灭伤员身上的火，使其脱离热源。

2）查。检查伤员呼吸、心跳，是否有外伤、中毒等情况。

3）防。防止休克、窒息、外伤创面污染。

4）包。用干净衣服把外伤创面包裹起来，防止感染。

5）送。及时送医院救治。

83. 发生高处坠落事故后应如何进行应急处置？

作业现场有人发生高处坠落事故受伤时，应立即停止当前作业，及时救助受伤者。

（1）主要应急处置措施

1）清理干净坠落处上方的松石、杂物等，防止再次坠落伤人。

2）将伤者用担架或矿车送上地面，竖井不能用绳索拉升受伤人员。

3）若伤者有外伤，应抬至安全地点，松开衣服检查受伤情况。

4）若伤者伤口出血，先止血；伤者骨折应做临时固定，伤者停止呼吸应进行人工呼吸。

5）对重伤员在现场进行急救后，应立即送医院进行救治。

（2）创伤性休克应急处置措施

1）判断早期休克：看神志，看面颊、口唇和皮肤色泽，看表浅静脉；摸脉搏、摸肢端温度。

2）现场急救：平卧、安静、保温；止血、包扎、固定；保持呼吸畅通；送医院抢救。

84. 发生矿山爆破事故后应如何进行应急处置？

（1）早爆事故现场应急处置

1）人员迅速撤离到安全有新鲜风流的上风侧，并及时报告。

2）如有人受伤，在确保自身安全的情况下把中毒窒息人员或被炸伤人员转移到新鲜风流的安全地点进行抢救。

（2）迟爆事故现场应急处置

迟爆发生后，如不能断定是起爆器还是线路问题，不能立即进入工作面检查，应等待几十分钟后再进入查明原因。迟爆有可能是几分钟或十几分钟，如误认为是拒爆而进入工作面检查，极易发生伤亡事故。

（3）盲爆事故现场应急处置

1）发现盲爆，应在现场设置危险警示标志，由专业人员处理时，无关人员不得接近。

2）电力起爆的盲爆，应立即切断电源，及时将盲爆电路短路。

3）导爆索与导爆管起爆网路发生盲爆，先检查导爆管，修复后再重新起爆。

4）盲爆处理后，要仔细检查炮堆，将残余的爆破器材按规定销毁。

5）总结盲爆产生的原因、处理方法、处理结果及预防措施。

（4）炸药事故性爆炸现场应急处置

1）现场人员迅速撤离到安全的有新鲜风流的上风口，及时报

告事故情况。

2）通知沿途受爆炸影响区域的人员一同撤至安全地点。

3）爆炸事故发生后，矿井主要通风机、危险区域的局部通风机要保持开启。

85. 发生触电意外伤害后应如何进行应急处置？

发现有人触电，要沉着冷静，首先使触电者尽快脱离电源，争分夺秒地抢救。触电伤害急救的要点是动作迅速、救护得法，直到医务人员到来。

（1）使触电者及时脱离电源的方式

1）开关箱较近时，立即拉下闸刀或拔掉插头，以断开电源。

2）如距闸刀较远，迅速用绝缘良好的电工钳或有干燥木柄的利器（斧、锹）砍断电线，或用干燥的木、竹、硬塑料管等迅速将电线拨离触电者。

3）若现场无橡胶、尼龙、木头等绝缘材料，救护人员可用几层干燥的衣服将手包裹好，站在干燥的木板上，拉触电者的衣服，使其脱离电源。

4）发生高压触电事故时，应立即通知有关部门停电或迅速拉下开关，或由有经验的人采取特殊措施切断电源。

（2）触电伤员急救措施

1）对触电后神志清醒者，应有专人照料，稳定后方可行走；轻度昏迷或呼吸微弱者，可针刺或掐人中、十宣、涌泉等穴位并送医院，不要站立行走。

2）触电后无呼吸但心脏有跳动者，应立即采取口对口人工呼吸；有呼吸但心跳停止者，应立即采用胸外心脏按压法进行抢救。

3）如触电者呼吸与跳都已停止，则需同时采用人工呼吸和俯卧压背法、仰卧压背法、心脏按压法等交替进行抢救。

86. 发生提升运输事故后应如何进行应急处置？

（1）发生事故后，现场人员要立即向调度室报告。调度室接到报告后，应立即向矿值班室报告，值班室应按应急事故预案向上级报告。

（2）当发生轨道提升机提升和大巷机车运输事故时，应迅速切断电源，在事故区域设置危险警戒标志。同时，向值班人员和矿山调度室报告，请求处置与救助。

（3）事故单位的跟班队长、班长发现事故或得到消息后，应及时赶到事故地点指挥或协助指挥应急处置。要采取措施对危险和有害因素进行控制，对受害人员进行有效的救助。

（4）专业人员要果断地采取措施，将提升机和机车的控制手柄打到零位，控制制动闸，及时切断电源。

（5）事故现场的人员应根据实际情况，积极开展有效的自救和互救。对于轻伤且出血者应现场对其进行包扎止血，将其抬放到安全地带；对于骨折人员不要将其轻易挪动，等待专业救助人员赶到。

（6）调度室人员接到事故的报告后，要及时做好车辆的调度和人员接送工作，配合将伤员及时运送到井口，井底信号工要按伤员提升规定做好联络工作，及时将人员运送到地面急救。

87. 发生煤矿瓦斯爆炸后应如何进行应急处置？

（1）煤矿井下一旦发生瓦斯爆炸事故，现场班长、跟班干部要立即组织人员正确佩戴好自救器，引领人员按避灾路线到达最近的新鲜风流中，并第一时间向矿调度室报告事故地点、现场灾难情况，同时向所在单位值班员报告。

（2）安全撤离时要快速，不要慌乱，行进中尽量将身体保持低位。

（3）如因事故破坏了巷道中的避灾路线指示牌、迷失了行进的方向，遇险人员应朝着有风流通过的巷道方向撤退。在撤退沿途和所经过的巷道交叉口，应留设指示行进方向的明显标志，以提示救援人员注意。

（4）在撤退途中听到爆炸声或感觉到有空气震动冲击波时，

应立即背向声音和气浪传来的方向，脸向下迅速卧倒，双手置于身体下面，闭上眼睛，头部要尽量放低。最好躲在水沟边上或坚固的掩体后面，用衣物遮盖身体的裸露部分，以防火焰和高温气体灼伤皮肤。

（5）在唯一的出口被封堵而无法撤退时，应有组织地进行应急避险，等待救援人员的营救。

（6）在瓦斯爆炸事故中，永久避难硐室是遇险人员无法撤出或一时难以撤出灾区时供遇险人员暂时避难待救的场所。永久避难硐室在瓦斯爆炸时能够起到较好的避灾效果，但由于空间比较狭小，容纳人员有限，且随着工作面的不断向前推进，避难硐室距离工作面也越来越远。因此，遇险人员在遇到瓦斯爆炸事故时有可能很难及时到达避难硐室。

（7）发生瓦斯爆炸事故后，遇险人员一时难以沿着避灾路线撤出灾区或难以迅速到达避难硐室时，应立即佩戴自救器，到附近的、掘进长度较长的、有压风管路的、瓦斯爆炸前正常通风但事故时断电停风的掘进独头巷道内避灾，等待矿山救护队救援。

（8）进入避难硐室前，应在硐室外留设文字、衣物、矿灯等明显标志，以便于救援人员及时发现。进入硐室后，开启压风自救系统，可有规律地、间断地敲击金属物、顶帮岩石，发出呼救联络信号，以引起救援人员的注意，指示避难人员所在的位置。

第9章
矿山工伤现场急救

88. 现场急救应遵循哪些基本原则?

现场急救是指在劳动生产过程中和工作场所因各种意外伤害事故、急性中毒造成的突发危重伤病员,在专业医务人员还未到来时,为了防止其伤病情恶化,减少其痛苦和预防休克等所应采取的初步紧急救护措施,又称院前急救。

现场急救急的任务是采取及时有效的紧急救护措施和技术,最大限度地减少伤病员的痛苦,降低致残率,降低死亡率,为医院抢救打好基础。现场急救应遵循的基本原则有:

(1)先复后固的原则

遇有心跳、呼吸骤停又有骨折者时,应首先用口对口人工呼吸和胸外心脏按压等技术使心、肺、脑复苏,直至心跳、呼吸恢复后，再进行骨折固定。

（2）先止后包的原则

遇有大出血又有创口者时，首先立即用指压、止血带或药物等方法止血，然后消毒并对创口进行包扎。

（3）先重后轻的原则

遇有生命垂危的和较轻的伤病员时，应优先抢救危重者，后抢救伤病较轻者。

（4）先救后运的原则

发现伤病员时，应根据实际情况先救后送。在送伤病员到医院途中，不要停止抢救措施，持续观察伤病变化，少颠簸，注意保暖，减少伤病员不应有的痛苦和死亡，平安抵达最近医院。

（5）急救与呼救并重的原则

在遇有成批伤病员、现场还有其他参与急救的人员时，要紧张而镇定地分工合作，急救和呼救应同时进行，以较快地争取救援。

 专家提示

现场急救应注意以下几个方面的要求：

（1）避免直接接触伤病者的体液。

（2）应使用防护手套，并用防水胶布贴住自己损伤的皮肤。

（3）急救前和急救后都要洗手。眼、口、鼻或者任何皮肤损伤处一旦溅有伤病者的体液或血液，应尽快用肥皂和水清洗，之后前往医院检查。

（4）进行口对口人工呼吸时，尽量使用人工呼吸面罩等工具、设备。

89. 现场急救的基本步骤是什么？

当各种意外伤害和急性中毒事故发生后，参与现场急救的人员要沉着、冷静，切忌惊慌失措。时间就是生命，应尽快对伤病员进行认真仔细的检查，以确定伤病情。检查内容主要包括意识、呼吸、脉搏、血压、瞳孔是否正常，有无出血、休克、外伤、烧伤，是否伴有其他损伤等。

总体来说，事故现场急救应按照紧急呼救、判断伤情和紧急救护三大步骤进行。

（1）紧急呼救

当事故发生，发现有危重伤病员，经过现场评估和伤病情判断后需要立即救护时，要立即向救护医疗服务系统或附近担负院外急救任务的医疗部门、社区卫生单位报告，常用的急救电话为"120"。这是为了获得及时专业的救援支持，使急救机构在第一时间派出专业救护人员、救护车至现场抢救。

（2）判断危重伤病情

在现场巡视后，对伤病员进行初步评估。处在情况复杂的现场发现伤病员，救护人员需要首先确认并立即处理威胁生命的情况，检查伤病员的意识、气道、呼吸、循环体征等。

（3）紧急救护

灾害或事故现场一般都很混乱，组织指挥特别重要，应快速组成临时现场紧急救护小组，统一指挥。这是保证现场急救能够有序高效进行的关键措施之一。

矿山灾害事故发生后，要避免慌乱，尽可能地缩短受伤人员的抢救时间，提高基本现场急救技术是做好灾害事故现场应急救护的关键问题。要善于应用现有的先进科技手段，体现"立体救护、快速反应"的应急救护原则，提高现场急救的成功率。

现场急救基本顺序是先救命后治伤，先重伤后轻伤，边抢边救、抢中有救，要使伤病人员尽快脱离事故现场，先分类再运送。在急救过程中，医护人员以救为主，其他人员以抢为主，各负其责、相互配合，以免贻误抢救时机。另外，现场救护人员应时刻注意自身防护。

90. 什么是矿工的自救与互救?

所谓自救,就是在井下发生意外灾害事故时,在灾区或受事故影响区域的人员进行避灾和保护自己的方法。而互救是指在有效地进行自救的前提下,如何妥善地救护灾区内其他受伤人员的方法。

(1)矿工自救与互救基本要求

1)熟悉并掌握所在矿井的灾害预防和处理预案。

2)熟悉避灾路线和安全出口。

3)熟练使用自救器。

4)熟悉并掌握发生各种灾害事故时的避灾方法。

5)辨别各种灾害事故前的征兆。

6)掌握抢救灾区受伤人员的基本方法及学会基本的现场急救技术等。

(2)常见的矿井井下自救器

自救器按其作用原理可分为过滤式和隔离式两种,其中的隔离式自救器又分为化学氧自救器和压缩氧自救器两种。目前我国生产主要有 AZL-40 型、AZL-60 型、MZ-3 型和 MZ-4 型等过滤式自救器,AZH-40 型化学氧自救器,AYG-45 型和 AYG-60 型压缩氧自救器。

过滤式自救器是一种专门过滤一氧化碳,使之转化为无毒的二氧化碳的自救装置,主要用于水灾或瓦斯、煤尘爆炸时防止一氧化碳中毒,适用条件受空气中含氧量及有毒气体种类的限制,只能用于氧气浓度不低于 18%、一氧化碳浓度不高于 1% 且不含其他有害气体的空气条件。

化学氧自救器是利用生氧药剂产生氧气供人呼吸,佩戴者的呼吸气路与外界空气完全隔绝,不受外界条件的限制,适用于井下发生火灾,瓦斯、煤尘爆炸,煤(岩)与瓦斯突出等事故,只要现场人员身体未受到直接伤害都可以佩戴。在冒顶堵人事故中,遇险人员只要没有被埋住,都可以佩戴自救器静坐待救,以防止瓦斯渗入、氧含量降低而造成窒息死亡事故。

压缩氧自救器是利用压缩氧气供氧的隔离式呼吸保护器,是一种可反复多次使用的自救器,每次使用后只需要更换新的吸收二氧化碳的氢氧化钙吸收剂和重新充装氧气即可重复使用,适用于存在有毒气体或缺氧的环境条件下。

 相关链接

自救器轻便、体积小、便于携带,是一种戴用迅速但作用时间一般较短的个人呼吸保护装备,当井下发生火灾、爆炸、煤和瓦斯突出等事故时,供遇险人员佩戴,可有效防止中毒或窒息。

91. 如何进行现场紧急心肺复苏?

灾害事故现场对伤员进行心肺复苏非常重要。据报道,5 分钟内开始现场急救实施心肺复苏,8 分钟内进一步生命支持,危重伤员的存活率最高可达43%。复苏(生命支持)每延迟 1 分钟,危重伤员存活率下降 3%；除颤每延迟 1 分钟，危重伤员存活率下降 4%。心、肺、脑复苏简称 CPR，是指当危重伤员呼吸终止及心跳停止时，合并使用人工呼吸及胸外心脏按压来进行急救的一种技术。

实施心肺复苏时，首先要判断伤员的呼吸、心跳，一旦判定呼吸、心跳停止，立即采取以下步骤进行心肺复苏。

（1）开放气道

用最短的时间，先将伤员衣领口、领带、围巾等解开，戴上手套迅速清除伤员口鼻内的污泥、土块、痰、呕吐物等异物，以利于呼吸道畅通，再采用仰头举颌法、仰头抬颈法或双下颌上提法将其气道打开。

1）仰头举颌法。救护人员用一只手的小鱼际部位置于伤员的前额并稍加用力使其头后仰，另一只手的食指、中指置于其下颏将下颌骨上提；救护人员手指不要深压颏下软组织，以免阻塞伤员的气道。

2）仰头抬颈法。救护人员用一只手的小鱼际部位放在伤员前额，向下稍加用力使其头后仰，另一只手置于颈部并将其颈部上托；无颈部外伤的伤员才能用此法。

3）双下颌上提法。救护人员双手手指放在伤员下颌角，向上或向后方提起其下颌；伤员的头保持正中位且不能后仰，不可左右扭动；适用于怀疑有颈椎外伤的伤员。

（2）手钩异物

1）如伤员无意识，救护人员掰开伤员嘴并上提其下颌。

2）救护人员用一只手的食指沿伤员口内插入。

3）用钩取动作，抠出伤员口内固体异物。

（3）口对口人工呼吸的主要步骤

1）救护人员用一只手的拇指、食指捏闭伤员的鼻孔，另一只手托其下颌。

2）使伤员的口张开，救护人员做深呼吸，用口紧贴并包住伤员口部吹气。

3）看伤员胸部鼓起方为有效。

4）脱离伤员口部，放松捏鼻孔的拇指、食指，看伤员胸部复原。

5）感到伤员口鼻部有气呼出。

6）连续吹气两次，使伤员肺部充分换气，如此反复操作。

（4）胸外心脏按压的主要步骤

判定心跳是否停止，可以触摸伤员的颈动脉有无搏动，如无搏动，立即进行胸外心脏按压。实施胸外心脏按压的主要步骤如下：

1）用一只手的掌根按在伤员胸骨中下 1/3 段交界处。

2）另一只手压在该手的手背上，双手手指均应翘起，不能平压在胸壁。

3）双肘关节伸直。

4）利用体重和肩臂力量垂直向下按压。

5）使胸骨下陷 4 厘米。

6）略停顿后在原位放松。

7）手掌根不能离开心脏定位点。

8）连续进行 15 次。

9）之后口对口人工呼吸吹气两次，继续胸外按压心脏 15 次，如此反复。

（5）实施心肺复苏时的注意事项

1）进行口对口人工呼吸注意事项：

①口对口人工呼吸一定要在气道开放的情况下进行。

②向伤员肺内吹气不能太急、太多，仅需胸部隆起即可，以免引起胃扩张。

③吹气时间以占一次呼吸周期的 1/3 为宜（1~2 秒）。

2）胸外心脏按压注意事项：

①防止并发症。胸外心脏按压并发症有急性胃扩张、肋骨或

胸骨骨折、肋骨软骨分离、气胸、血胸、肺损伤、肝破裂、冠状动脉刺破（心脏内注射时）、心包压塞、胃内返流物误吸或吸入性肺炎等，故要求判断准确，监测严密，处理及时，操作正规。

②胸外心脏按压与放松时间比例和按压频率。试验研究证明，当胸外心脏按压及放松时间各占 1/2 时，心脏射血最多，获最大血流动力学效应；按压频率为 80~100 次 / 分钟时，可使血压短期上升 7.98~9.31 千帕，有利于心脏复搏。

③胸外心脏按压用力要均匀，不可过猛。按压和放松所需时间应相等。

④每次按压后必须完全解除压力，使胸部回到正常位置。

⑤心脏按压频率不可忽快、忽慢，保持正确的挤压位置。

⑥在进行心脏按压时，应随时观察伤员的反应及其面色的改变。

（6）心肺复苏终止

在心肺复苏中出现如下征象者可考虑终止。

1）脑死亡。指全脑功能丧失不能恢复，也称不可逆昏迷。发生脑死亡即意味着生命终止，即使有心跳，也不会长久维持。所以伤员一旦出现脑死亡即可终止抢救，以免消耗不必要的人力、物力。出现下列情况可考虑判定脑死亡：

①深度昏迷，对疼痛、刺激无任何反应，无自主活动。

②自主呼吸停止。

③瞳孔固定。

④脑干反射包括瞳孔对光反射、吞咽反射、头眼反射（即"娃娃眼"现象，将病人头部向双侧转动，眼球相对保持原来位置不动，若眼球随头部同步转动，即为反射阳性。但颈脊髓损伤者

禁忌此项检查)、眼前庭反射(头前屈30°,用冰水20~50毫升,10秒钟内注入外耳道,出现快速向灌注侧反方向的眼球震颤。双耳依次检查未见眼球震颤为反射消失)等消失。

⑤具备上述条件至少观察24小时无变化,方可做出脑死亡判定。

2)经过正规的心肺复苏20~30分钟后,仍无自主呼吸,瞳孔散大,对光反射消失,即标志生物学死亡,可终止抢救。

3)心跳停止12分钟以上而没有进行任何复苏抢救者,几乎无一存活,但在低温环境中(如冰库、雪地、冷水)及年轻的创伤伤员,虽心脏停搏超过12分钟仍应积极抢救。

4)心跳、呼吸停止30分钟以上,肛温接近室温,出现尸斑。对于神志不清的伤员观察其脑活动的主要指标有5个方面,即瞳孔变化、睫毛反射、挣扎表现、肌肉张力和自主呼吸的方式,这些都是脑活动最起码的征象。

5)恢复自主呼吸及心跳。

心肺复苏效果如下:

①颈动脉搏动。胸外心脏按压有效时,可随每次按压触及一次颈动脉搏动,测血压为5.3/8千帕(40/60毫米汞柱)以上,提示按压方法正确。若停止按压,脉搏仍然搏动,说明伤员自主心跳已恢复。

②面色转红润。心肺复苏有效时,伤员的面部、口唇、皮肤颜色由苍白或紫绀逐渐转变红润。

③意识逐渐恢复。心肺复苏有效时,病人昏迷程度变浅,眼球活动,出现挣扎,或给予强刺激后出现保护性反射活动,甚至

手足开始活动，肌张力增强。

④出现自主呼吸。应注意观察，有时很微弱的自主呼吸不足以满足机体供氧需要，如果不进行人工呼吸，则很快又停止呼吸。

⑤瞳孔变小。心肺复苏有效时，扩大的瞳孔变小，并出现对光反射。

专家提示

在进行心肺复苏时必须经常观察伤员的瞳孔，瞳孔缩小是治疗有效的最有价值而又十分灵敏的征象。如果扩大的瞳孔通过心肺复苏仍不缩小，通常说明复苏无效。如果心肺复苏效果出现的时间明显延长则也可能为脑损害所致，但这种脑损害并非一定是永久的。瞳孔逐渐增大经常遇到，特别是复苏过久，这并不意味着治疗无效或脑损害不可避免，如果瞳孔未最大限度扩大或仍有脑活动的其他征象存在时更是这样。不过，如果瞳孔扩大发展迅速而又极为显著，则说明情况较严重；扩大的瞳孔在心跳恢复后很快缩小，说明无严重脑损害发生。

但是伤员出现挣扎也是最有效复苏的一个征象，它说明脑已受到充分的保护。有以下几种方法可处理挣扎：一种方法是用5~10毫升安定静脉注射，使病人镇静。安定可消除睫毛反射，但不影响其他脑活动的体征。另一种方法是间断使用小剂量硫喷妥钠，虽然这种肌肉松弛剂也能消除挣扎，并便于气管插管操作，但是使用这类药物后就可能只留下瞳孔反应这一项脑活动征象，此征象可靠性较差。

92. 常用止血法有哪几种？基本要领是什么？

常用的止血方法主要有压迫止血法、止血带止血法、加压包扎止血法和加垫屈肢止血法等。

（1）压迫止血法

这种止血法适用于头、颈、四肢等动脉大血管出血伤员的临时止血。当一个人负伤流血以后，只要立刻用手指或手掌用力压紧伤口附近靠近心脏一端的动脉跳动处，并把血管压紧在骨头上，就能很快起到临时止血的效果。如头部前面出血时，可在耳前对着下颌关节点压迫颞动脉；颈部动脉出血时，要压迫颈总动脉，此时可用手指按在一侧颈根部，向中间的颈椎横突压迫，但禁止同时压迫两侧的颈动脉，以免引起大脑缺氧而昏迷。

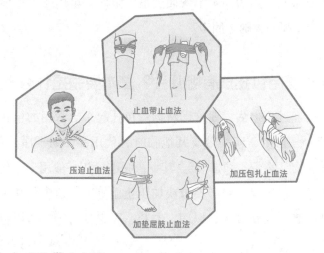

（2）止血带止血法

这种止血法适用于四肢大出血伤员。用止血带（一般用橡皮管、橡皮带）绕肢体绑扎打结固定，上肢受伤可扎在上臂上部 1/3 处；下肢受伤扎于大腿的中部。若现场没有止血带，也可以用纱布、毛巾、布带等环绕肢体打结，在结内穿一根短棍，转动此棍使带绞紧，直到不流血为止。在绑扎和绞止血带时，不要过紧或过松，过紧会造成皮肤或神经损伤，过松则起不到止血的作用。

（3）加压包扎止血法

这种止血法适用于小血管和毛细血管的止血。先用消毒纱布或干净毛巾敷在伤口上，再垫上棉花，然后用绷带紧紧包扎，以达到止血的目的。若伤肢有骨折，还要另加夹板固定。

（4）加垫屈肢止血法

这种止血法多用于小臂和小腿的止血，它利用肘关节或膝关节的弯曲功能，压迫血管以达到止血的目的。在肘窝或腘窝内放入棉垫或布垫，然后使关节弯曲到最大限度，再用绷带把前臂与上臂（或小腿与大腿）固定。

93. 常用包扎法有哪几种？基本要领是什么？

伤员经过止血后，要立即将创口包扎起来。常用的包扎材料有绷带、三角巾、四头带及其他临时替代用品（如干净的手帕、毛巾、衣物、腰带、领带等）。其中，绷带包扎一般用于受伤的肢体和关节，以固定敷料、夹板或加压止血等；三角巾包扎主要用于包扎、悬吊受伤肢体，以固定敷料、固定骨折等。常用包扎法如下：

（1）头顶包扎法

外伤在头顶部可用此法。把三角巾底边折叠两指宽，中央放在前额，顶角拉向后脑，两底角拉紧，经两耳上方绕到头的后枕部，压着顶角，再交叉返回前额打结。如果没有三角巾，也可用干净毛巾代替。先将毛巾横盖在头顶上，前两角反折后拉到后脑打结，后两角各系一根布带，左右交叉后绕到前额打结。

（2）单眼包扎法

如果眼部受伤，可将三角巾折成四指宽的带形，斜盖在受伤的眼睛上。三角巾长度的 1/3 向上，2/3 向下。下部的一端从耳下绕到后脑，再从另一只耳上绕到前额，压住眼上部的一端，然后将上部的一端向外翻转，向脑后拉紧，与另一端打结。

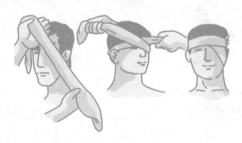

（3）三角形上肢包扎法

如果上肢受伤，可把三角巾的一底角打结后套在受伤的那只手臂的手指上，把另一底角拉到对侧肩上，用顶角缠绕伤臂，并用顶角上的小布带包扎。然后将受伤的前臂弯曲到胸前，呈近直角形，最后把两底角打结。

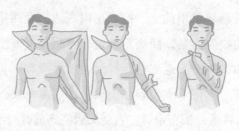

（4）膝（肘）带式包扎法

根据伤肢的受伤情况，把三角巾折成适当宽度，呈带状，然后把它的中段斜放在膝（肘）的伤处，两端拉向膝（肘）后交叉，再缠绕到膝（肘）前外侧打结固定。

（5）绷带包扎法

绷带包扎法有环形包扎法、螺旋形包扎法、螺旋反折包扎法、头顶双绷带包扎法和"8"字形包扎法等。包扎时要掌握好"三点一走行"，即绷带的起点、止血点、着力点（多在伤处）和行走方向的顺序，以达到既牢固又不能太紧。先在创口覆盖无菌纱布，然后从伤口低处向上，左右缠绕。包扎伤臂或伤腿时，要尽量设法暴露手指尖或脚趾尖，以便观察血液循环。由于绷带用于胸、腹、臀、会阴等部位效果不好，容易滑脱，所以绷带包扎法一般用于四肢和头部伤。

1）环形包扎法。绷带卷放在需要包扎位置稍上方，第一圈做稍斜缠绕，第二圈、第三圈做环行缠绕，并将第一圈斜出的绷带带角压于环行圈内，然后重复缠绕，最后在绷带尾端撕开打结固定或用别针、胶布将尾部固定。

2）螺旋形包扎法。先环行包扎数圈，然后将绷带渐渐地斜旋上升缠绕，每圈盖过前圈的 1/3~2/3 呈螺旋状。

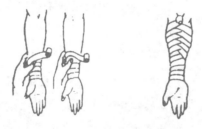

3）螺旋反折包扎法。先做两圈环行固定，再做螺旋形包扎，待到渐粗处，一手拇指按住绷带上面，另一手将绷带自此点反折向下，此时绷带上缘变成下缘，后圈覆盖前圈 1/3 至 2/3。此法主要用于粗细不等的四肢如前臂、小腿或大腿等。

4）头顶双绷带包扎法。将两条绷带连在一起，打结处包在头后部，分别经耳上向前于额部中央交叉。然后，第一条绷带经头顶到枕部，第二条绷带反折绕回到枕部，并压住第一条绷带。第一条绷带再从枕部经头顶到额部，第二条则从枕部绕到额部，又将第一条压住。如此来回缠绕，形成帽状。

5）"8"字形包扎法。适用于四肢各关节处以及锁骨骨折的包扎。于关节上下将绷带一圈向上、一圈向下做"8"字形来回缠绕，此方法也适用于锁骨骨折的包扎，目前已经有专门的锁骨固定带可直接应用。

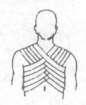

 专家提示

（1）伤口上要加盖敷料，不要在伤口上用弹力绷带。

（2）不要将绷带缠绕过紧，经常检查肢体供血情况。

（3）有绷带过紧的体征（手、足的甲床发紫；绷带缠绕肢体远心端皮肤发紫，有麻感或感觉消失；严重者手指、足趾不能活动），应立即松开绷带重新缠绕。

（4）不要将绷带缠绕手指、足趾末端，除非有损伤。

94. 常用的现场骨折固定技术有哪些？

骨折是人体在生产、生活中常见的损伤，为了避免骨折的断端对血管、神经、肌肉及皮肤等组织的二次损伤，减轻伤员的痛苦，以及便于搬动与转运伤员，凡发生骨折或怀疑有骨折的二次伤员，均必须在现场立即采取骨折临时固定措施。常用的骨折固定方法有：

（1）肱骨（上臂）骨折固定法

1）夹板固定法。用两块夹板分别放在上臂内外两侧（如果只有一块夹板，则放在上臂外侧），用绷带或三角巾等将上下两端固定；肘关节屈曲 90°，前臂用小悬臂带悬吊。

2）无夹板固定法。将三角巾折叠成 10~15 厘米宽的条带，其中央正对骨折处，将上臂固定在躯干上，于对侧腋下打结；屈肘90°，再用小悬臂带将前臂悬吊于胸前。

（2）尺、桡骨（前臂）骨折固定法

1）夹板固定法。用两块长度超过肘关节至手心的夹板分别放在前臂的内外侧（只有一块夹板，则放在前臂外侧）并在手心放好衬垫，让伤员握好，以使腕关节稍向背屈，再固定夹板上下两端；屈肘 90°，用大悬臂带悬吊，手略高于肘。

2）无夹板固定法。使用大悬臂带、三角巾固定。用大悬臂带将骨折的前臂悬吊于胸前，手略高于肘；用一条三角巾将上臂带一起固定于胸部，在健侧腋下打结。

（3）股骨（大腿）骨折固定法

1）夹板固定法。伤员仰卧，伤腿伸直；用两块夹板（内侧夹板长度为上至大腿根部，下过足跟；外侧夹板长度为上至腋窝，下过足跟）分别放在伤腿内外两侧（只有一块夹板则放在伤腿外侧），并将健肢靠近伤肢，使双下肢并列，两足对齐；关节处及空隙部位均放置衬垫，用 5~7 条三角巾或布带先将骨折部位的上下两端固定，然后分别固定腋下、腰部、膝、踝等处；足部用三角巾"8"字形固定，使足部与小腿呈直角。

2）无夹板固定法。伤员仰卧，伤腿伸直，健肢靠近伤肢，双下肢并列，两足对齐；在关节处与空隙部位之间放置衬垫，用 5~7 条三角巾或布条将两腿固定在一起（先固定骨折部位的上、下两端）；足部用三角巾"8"字形固定，使足部与小腿呈直角。

（4）脊柱骨折固定法

不得轻易搬动伤员，严禁一人抱头，另一个人抬脚等不协调的动作。

如伤员俯卧位时，可用"工"字夹板固定，将两横板压住竖板分别横放于两肩上及腰骶部，在脊柱的凹凸部位放置衬垫，先用三角巾或布带固定两肩，再固定腰骶部。现场处理原则是：背部受到剧烈的外伤，有颈、胸、腰椎骨折者，绝不能试图扶着让病人做一些活动，绝不能以此"判断"有无损伤，一定要就地固定。

（5）头颅部骨折固定法

头颅部骨折主要是保持局部的固定，在检查、搬动、转运等过程中，力求头颅部不受到新的外界影响而加重局部损伤。具体做法是，伤员静卧，头部可稍垫高，头颅部两侧放两个较大且硬实的枕头或沙袋等物将其固定住，以免搬动、转运时局部晃动。

 专家提示

（1）如为开放性骨折，必须先止血、然后包扎、最后再进行骨折固定，此顺序绝不可颠倒。

（2）下肢或脊柱骨折，应就地固定，尽量不要移动伤员。

（3）四肢骨折固定时，应先固定骨折的近端，后固定骨折的远端。如固定顺序相反，可导致骨折二次移位。夹板必须扶托整个伤肢，骨折上下两端的关节均必须固定住；绷带、三角巾不要绑扎在骨折处。

（4）夹板等固定材料不能与皮肤直接接触，要用棉垫、衣物等柔软物垫好，尤其骨凸部位及夹板两端更要垫好。

（5）固定四肢骨折时应露出指（趾）端，以随时观察血液循环情况，如有苍白、紫绀、发冷、麻木等表现，应立即松开然后重新固定，以免造成肢体缺血、坏死。

95. 如何对伤员进行搬运?

搬运伤员是现场急救的重要技术步骤之一。搬运的目的是使伤员迅速脱离危险地带,纠正当时影响伤员的危险体位,减少其痛苦,避免其再受伤害,安全迅速地送往医院治疗。搬运伤员的方法,应根据当地、当时的器材和人力而选定。

(1)徒手搬运

1)单人搬运法。适用于伤势比较轻的伤员,采取背、抱或挟持等方法。

2)双人搬运法。一人搬托伤员的双下肢,一人搬托伤员的腰部,在不影响受伤部位的情况下,还可用椅式、轿式和拉车式。

3)三人搬运法。对疑有胸骨、腰椎骨折的伤员,应由三人配合搬运:一人托住肩胛部,另一人托住臀部和腰部,第三个人托住两下肢，三人同时用力把伤员轻轻抬放到硬板担架上。

4）多人搬运法。对脊椎受伤的患者向担架上搬动时，应由至少 6 人一起搬动，2 人专管头部的牵引固定，使头部始终保持与躯干成直线的位置，维持颈部不动。另 2 人托住臀部，其余 2 人托住下肢，协调地将伤者平直放到担架上，头部两侧用软垫或沙袋固定。

（2）自制担架搬运

常在没有现成的担架而又需要担架搬运伤员时自制担架。

1）用木棍制担架。用两根长约 2.5 米的木棍或竹竿绑成梯子形，中间用绳索来回绑在两长棍之中。

2）用上衣制担架。用上述长度的木棍或竹竿两根，穿入两件上衣的袖筒中即成，常在没有绳索的情况下用此法。

3）用椅子代替担架。用扶手椅两把对接，用绳索固定对接处。

4）用毛毯制担架。用两根木棍、一块毛毯或床单、较结实的长线（铁丝也可）。把木棍放在毛毯中央，毛毯的一边折叠，与另一边重合；毛毯重合的两边包住另一根木棍；用穿好线的针把两根木棍边的毛毯缝合在一起。

（3）车辆搬运

车辆搬运受气候影响小、速度快，能将伤员及时送到医院抢救，尤其适合较长距离运送。轻伤伤员可坐在车上，重伤伤员可躺在车里的担架上。重伤伤员最好用救护车转运，缺少救护车的地方，可用一般汽车。上车后，胸部伤伤员取半卧位，一般伤伤员取仰卧位，颅脑伤伤员应使头偏向一侧。

专家提示

（1）必须先急救，妥善处理后才能搬动伤员。

（2）运送时尽可能不摇动伤员的身体。若遇脊椎受伤者，应将其身体固定在担架上，用硬板担架搬运。切忌一人抱胸、一人搬腿的双人搬抬法，因为这样搬运易加重脊髓损伤。

（3）运送伤员时，要随时观察其呼吸、体温、伤口、面色变化等情况，注意伤员的姿势，要注意为其保暖。

（4）在人员、器材未准备完好时，切忌随意搬运。

（5）不论采取哪种运送病人的方法，在途中都要平稳，切忌颠簸。